林下生态

LINXIA SHENGTAI YANGJI
GUANJIAN JISHU WENDA

养鸡

关键技术问答

李 英 谷子林 主编

中国科学技术出版社
·北京·

图书在版编目（CIP）数据

林下生态养鸡关键技术问答 / 李英，谷子林主编 . —北京：中国科学技术出版社，2018.6

ISBN 978-7-5046-8051-8

Ⅰ.①林…　Ⅱ.①李…　②谷…　Ⅲ.①鸡－生态养殖－问题解答　Ⅳ.① S831.4-44

中国版本图书馆 CIP 数据核字（2018）第 110125 号

策划编辑	乌日娜	
责任编辑	乌日娜	
装帧设计	中文天地	
责任校对	焦　宁	
责任印制	徐　飞	

出　　版	中国科学技术出版社	
发　　行	中国科学技术出版社发行部	
地　　址	北京市海淀区中关村南大街16号	
邮　　编	100081	
发行电话	010-62173865	
传　　真	010-62173081	
网　　址	http://www.cspbooks.com.cn	

开　　本	889mm×1194mm　1/32	
字　　数	191千字	
印　　张	8	
版　　次	2018年6月第1版	
印　　次	2018年6月第1次印刷	
印　　刷	北京长宁印刷有限公司	
书　　号	ISBN 978-7-5046-8051-8 / S·735	
定　　价	29.00元	

编委会

主　编

李　英　　谷子林

副主编

魏忠华　　郑长山

编著者

李　英　　谷子林　　魏忠华　　郑长山

孙凤莉　　李　茜　　刘亚娟　　赵晓静

王红娜　　柴铁英　　张　岩

Contents 目 录

六、鸡的林下饲养技术 ………………………………… 85

一、林下生态养鸡概述

1. 林下生态养鸡关键技术指的是什么？

林下生态养鸡关键技术指利用果园、林地，采取生态放养的形式，生产受消费者欢迎的优质、安全蛋、肉产品的系列关键技术。

林下生态养鸡是发展林下经济和生态养殖的一项重要内容。它是用现代科学养鸡技术改进传统的农家放养鸡方法，根据不同区域特点，利用果园和林地进行规模放养，同时还要与舍养相结合。这种技术保障鸡在果园和林地能自由觅食昆虫、嫩草、腐殖质等，结合人工辅助性补充科学配制的饲料。在饲养中，严格限制化学药品和化学饲料添加剂等的使用，禁用激素类物质和抗生素。

我们使用这些技术，可以利用果园、林地良好的饲养环境，结合科学饲养管理和卫生保健措施等，实现标准化生产，使鸡肉、鸡蛋产品达到无公害食品乃至绿色食品、有机食品标准。同时，通过鸡在果园、林下生态放养，控制植物虫害和草害、减少农药的使用，利用鸡粪提高土壤肥力，使果园、林地取得更显著的经济效益、生态效益和社会效益。

林下生态养鸡关键技术包括适宜鸡种的选择、良种繁育、设施设备、专用饲料生产、鸡的健康饲养、保健与安全、蛋肉加工、产品销售等。通过这些生产环节配套衔接，在一些地区已经创建了林牧结合、发展林下经济的成功模式，初步形成了一个新型的生态养殖产业，今后的发展前景十分广阔。

2. 林下生态养鸡的好处有哪些？

（1）林下生态养鸡的产品市场销路好，售价高　林下养鸡是生态放养，尤其适合放养地方鸡种。比如，放养的太行鸡（原名河北柴鸡）的鸡蛋和鸡肉就深受消费者欢迎。

根据我们测定，太行鸡的鸡蛋与现代配套系鸡相比，蛋黄颜色、蛋黄磷脂质含量、蛋白质含量、蛋白黏稠度、蛋壳质量都比较高，而胆固醇含量较低。鸡蛋干样中谷氨酸含量高达 15.48%，而谷氨酸是重要的风味物质，再加上水分低、营养浓度大，使得太行鸡鸡蛋口味好、风味浓郁，市场销售好，售价比机械化笼养鸡鸡蛋高 50% 以上。

林下生态放养的太行鸡活动量大，体内消耗能量较笼养鸡多，造成脂肪沉积减少，同时由于放养而采食的矿物质也充足，其骨质结实，肉质致密，味道较浓。据测定，太行鸡的鸡肉与现代配套系鸡相比，屠宰率高、腹脂率低、胸肌率高、胸肌的肌纤维直径小、肌纤维密度最大、肉质嫩度较佳，而肌肉中肌苷酸含量高，使太行鸡鸡肉吃起来更鲜美。

（2）林下生态养鸡成本低，收益高　充分利用果园和林地，包括多种果树园、疏林地、灌木林地、未成林造林地、苗圃等开展生态养鸡能够充分利用自然资源。鸡在林下草地上自由采食草籽、嫩草等植物性饲料，并大量捕食多种虫体（动物性饲料），在夏、秋季节适当补一些配合饲料即可满足其营养需要，可节省 1/3 以上的饲料。

鸡在果园内觅食，捕食白蚁、金龟子、潜叶蛾、地老虎等害虫的成虫、幼虫和蛹，从而可以减轻害虫对果树的危害。配合灯光、性信息素等诱虫技术，可大幅度降低果园、林地虫害的发生率，减少农药的使用量。

鸡排泄的粪便直接给果树、林地施肥，增加地力。鸡粪中含有氮、磷、钾等果树、林木生长所需要的营养物质。据分析，1只鸡1年的鸡粪含氮素900克、磷素850克、钾素450克。如果按每亩果园、林地养20只鸡计算，相当于施入氮肥18千克、磷肥17千克、钾肥9千克，提高了土壤肥力，促进了果树和林木的生长。

在减少了农药、化肥使用量的同时，还能降低果品中农药、化肥的残留量，生产出优质果品。这样的林牧结合既保护果树和林木，又降低养鸡和果、粮生产成本，增加了生产者的综合收益。

仅养鸡收入一项，林下放养地方鸡，每只比集约化饲养"快大型"肉鸡收入高6～10元；而放养产蛋鸡，每只比笼养蛋鸡收入高10～20元。

有些地方，如河北省平山县葫芦峪生态农业专业合作社根据牧草、中草药的生长特性，种植了适宜林下生长的牧草——两个紫花苜蓿品种和白三叶，种植了适宜林下生长的中草药知母、连翘、金银花，同时又饲养太行鸡2万多只，并带动周边100多个家庭发展林下经济，实现了立体种养综合效益，取得了明显的效果。

（3）充分利用自然资源，利于资源保护　规模化笼养鸡场大部分建在平原农区，禽舍及相关设施要占用大量农田；而以果园、林地生态养鸡不占用农用耕地，有利于缓解林牧矛盾和农牧用地矛盾，实现了资源的合理利用。

规模化笼养鸡的鸡舍和笼具投资很大，而林下生态养鸡的鸡舍建筑相对简易，无须笼具，投资较小，适于经济欠发达地区的农民采用，符合"节能减排"发展低碳经济的精神。

（4）有利于动物福利，构建健康、和谐生态环境　规模化笼养鸡的方式不符合鸡的生活习性，在窄小密集的规模化笼养鸡舍，不利于鸡的生长，疫病也难以控制。林下生态养鸡，环境优越，空气新鲜，水源清洁，饲养密度小。鸡回归于自然，自由奔跑活动，采食天然饲料，体质增强，抗病力提高。同时，林下一般远离村庄，可避免和减少鸡病的互相传播。所以，林下生态饲养的鸡群更健康，疾病也少。

尤其是在山区的林下养鸡，因为具有山脉的自然屏障作用，明显地减少了传染病的发生。健康的鸡群才能保障生产出安全、优质的鸡蛋、鸡肉。

（5）减少污染，改善农村环境　过去规模化笼养鸡一直是我国蛋鸡生产的主体，特别是人口密集的平原农区，紧靠农居修建鸡舍，场舍密集，人、鸡混杂，排泄物对空气、水源、土地等环境造成严重污染，夏秋更是成为蚊蝇的滋生地，影响居民身心健康。而林下生态养鸡，远离居民区，饲养密度低，加之环境的自然净化，可使排泄物培植土壤，变污染环境的废物为宝，有助于农村环境的改善，实现青山绿水，家园美好。

3. 林下生态养鸡与农户传统的零星散养有哪些不同？

（1）鸡种　重点推广经过系统选育、能生产高质量鸡蛋、鸡肉的地方鸡种。这一类鸡经过系统选育或利用地方良种制种，具有生态型地方良种的特性。不但适应性强，适合规模放养，而且肉、蛋风味、滋味、口感、营养俱佳，是生态放养鸡的首选鸡种。例如，太行鸡、文昌鸡、固始鸡等，在林下放养就深受欢迎。

目前，一些农家庭院零星散养的鸡虽然都称为地方鸡，但多是未经系统选育提纯的鸡，群体内个体间生产性能很不一致。特别是杂交乱配严重，致使一些优良基因大量流失。因此，目前农家庭院零星散养鸡，鸡种来源混杂，羽色、外貌、生产性能差，不利于林下规模化饲养。生产中，不要选用这样的鸡在林下饲养。

（2）饲养、饲料　林下养鸡并非完全人工饲喂，也不完全靠鸡到外面自由觅食，而是放养天然饲料和补饲人工饲料结合。饲料种类上，野生饲料和配合饲料相互补充，植物性饲料、动物性饲料和微生物性饲料合理搭配成为类天然饲料，更符合生产优质鸡蛋、鸡肉的营养需要。

（3）**管理和防病**　不是只放不养、任其自生自灭的随意粗放管理，而是根据鸡的生物学特性、放养鸡的特殊规律、林下具体的环境条件、季节气候等因素而设计的严格的管理方案，精细管理。同时，根据当地易流行的鸡的主要传染病，结合当地鸡种特有的发病规律和林下实际而制定免疫程序及防治措施。

（4）**规模和设施**　不是一家一户十只、八只的零星散养，而是以规模养殖为基础的饲养群体；修建和配备相应的设施。比如鸡舍，不是土坯垒砌的日出而起、日落而归的小土鸡窝，而是在林地分群建造的既可以防风避雨，又可以产蛋休息，还利于人工管理的科学鸡舍。

（5）**组织形式**　不是一家一户盲目搞起的家庭副业，而是有组织、有计划的规模化、产业化生产；既有政府的宏观指导，又有科技部门和科技人员的广泛参与，更有经济实体龙头企业牵头，实施产供销一体化经营。

4. 目前我国果园、林地生态养鸡有什么好的典型？

近年来，我国一些地方在利用果园、林地生态养鸡中涌现了许多优秀典型，起到了示范和引领这一新兴产业的作用。

案例一：深圳顺然有机农业有限公司在福建省龙岩市武平县凤凰岛建起了规模化养殖基地。基地位于闽西梁野山脉之中，毗邻梁野山国家级自然保护区。这座森林绿岛远离高速公路和居民区，依然保持着20世纪80年代初的自然地理风貌。经环境测评，其山林土壤、空气、水源均达到国家生产有机食品的环境标准。

在凤凰岛上，该公司改变农家庭院散养鸡规模小、粗放饲养方式，进行规模化生态放养。凤凰岛基地平均每年生产量达到50万只，产品分公鸡、母鸡、童子鸡、阉鸡，并于2014年1月注册启用了"御膳凰"商标。在品牌营销方面采取了多种模式，包括体验营销、圈子营销、口碑营销、自媒体营销等。由于充分利用了移动互联网营销，不但实现了"让利于客户"，还能充分保障从田园到餐桌的食品安全。

用这种方式生产的"御膳凰"——"凤凰岛野养鸡·蛋"深受新、老用户的称赞，获得"中国电子商务深圳十大牛商"称号，同时成为"互联网＋农业"的教学案例。国内许多学习互联网营销的农民企业家都在以"御膳凰"——凤凰岛"月子鸡"为学习案例。

案例二：河北省涞源县地处太行山、燕山、恒山三山交界处，共有山场 305 万亩，宜林荒山 285 万亩。近年来，不同规模和形式的山场林地养鸡起到了发展林下经济的重要作用。该县龙头企业——六旺川生态养殖有限公司十分重视科技创新，积极参与太行鸡选育与推广，对山场林地生态养鸡技术进行组装配套，形成生态养鸡的高效经营模式。生产的鸡蛋以其色泽鲜艳、适口性好、营养丰富受到消费者喜爱。同时，把无公害产品——"桃木疙瘩"牌柴鸡蛋打造成了名牌产品，在北京航天部、超市、小区及省内多地销售，供不应求。

2015 年该公司在原有种鸡场、商品鸡生产基地、饲料厂、销售部、服务部等基础上，新建年孵化能力 140 多万只雏鸡的孵化场 1 座，新建标准化鸡舍 1 500 米^2，购置了鸡蛋分选—清洗—分装设备及屠宰设备，进一步完善了龙头企业的功能。

该县通过"协会＋基地＋龙头企业＋放养鸡农户"的生产模式，已形成产蛋、孵化、育雏、养殖、屠宰、销售的产业化经营。其先进技术和经营模式不断向周边辐射推广，生产达到了比较高的水平：公鸡 3.5 月龄体重达到 1 684 克，每只可获利 16.78 元；母鸡年产蛋量提高到 189.5 个，品牌鸡蛋销售价格增加 20%，每只年获利 37.5 元。2015 年商品鸡基地饲养 6 万只，推广辐射鸡群 500 万只，新增纯收益 1 123 万元。

案例三：甘肃省漳县依托丰富的林地、草原，坚持"发展生态放养鸡与脱贫攻坚、乡村旅游相结合"的原则，大力扶持贫困户发展生态养鸡。他们采取"公司＋基地＋农户"的发展模式，为贫困户免费提供种苗、饲养，负责对养鸡户的技术培训指导和产品保价回收。同时，该县按照"树品牌、扩规模、强龙头、建链条"的思路，全力把林下土鸡养殖做成主导产业。2017 年，为 327 户贫困户每户发放鸡苗 100 只、补助 200 元。扶贫建档立卡户养殖量达 3.27 万只，总收入达 327 万元。

从 20 世纪 80 年代开始，河北农业大学和河北省畜牧兽医研究所等单位的专家、教授就开始了林下生态养鸡技术研究与生产。同时，先后联合多家企业相继承担了国家科技部、农业部、省、市级科研、示范、推广项目，如"规模化生态养鸡技术体系研究""规模化生态养鸡技术体系中试与示范""河北太行山生态养鸡技术开发""太行鸡选育技术与应用研究""太行鸡生产优质产品标准化关键技术研究与示范""太行鸡肉用配套系培育技术研究""太行山区优质黄羽肉鸡引进及高效放养技术研究与应用""低碳型生态养鸡技术研究与示范"等，获省部级奖励多项。制定了河北省《柴鸡》（太行鸡）、《柴鸡蛋》（太行鸡）、《柴鸡饲养管理规程》《放养柴鸡防疫技术规程》《放养鸡场建设规范》等地方标准。2008 年即率先在全国推出了比较成熟的规模化生态养鸡综合技术体系和产业化生产模式。

多年来，在河北省建立试验示范基地 52 个，培育井陉天山绿色食品有限公司、涉县凤落沟山场柴鸡养殖基地、赞皇天然农产品有限公司等龙头企业 18 家，开发出"凤落沟""苍岩山""绿岭""堪泰园""小山庄"等 38 个规模化生态放养柴鸡鸡蛋品牌，包括 3 个有机食品、5 个绿色食品和 20 余个鸡蛋品牌。配套发展了林下放养鸡产品加工企业，生产的蛋、肉产品售价高于笼养鸡产品 0.5～1 倍，深受消费者欢迎。

目前，河北省林下生态养鸡在全省不断巩固发展，已经成为深受广大农民欢迎的致富新途径和新兴产业。

5. 目前发展林下生态养鸡需要注意什么问题？

（1）改变传统饲养模式　目前有些利用果园、林地养鸡的专业户或鸡场，分布比较零散，规模较小。有些规模稍大的鸡场，缺乏养殖技术指导，鸡群的生产性能低，产品的整齐度差，淡季销售价格不理想。

过去，地方品种的鸡主要在农村庭院零星散养，谈不上什么饲养技术。而林下规模化养鸡由于群体较大、具体饲养地饲料状况主要受气候变化影响、林下及所建棚舍消毒与防疫比较困难、鼠兽伤害和意外伤亡机会较多等原因，不能沿用传统技术，也不能照搬现代配套系鸡种笼养的饲养管理模式，而要实行传统饲养和现代工艺的有机结合，推广普及标准化饲养生产技术。

（2）品种选育有待加强　林下生态养鸡要充分发挥我国地方鸡种的优势，虽然一些地方鸡种饲养历史悠久，但是长期未经系统的选育提纯，群体内个体间生产性能不一致，整齐度不够，产蛋和育肥性能有待进一步提高；由于大量外来高产品种引入国内，杂交乱配严重，致使一些优良基因大量流失。因此，市场上鸡种来源混杂，羽色、外貌、生产性能参差不齐，不利于规模化饲养。

所以，要加强该项工作，在林下养鸡优先选择饲养那些经过选育提纯的优质地方鸡种。

（3）粗放式管理有待大力改进　目前有些地方林下养鸡仍沿用过去庭院养鸡副业生产模式，管理环节过于粗放，疫病防治环节与规模化生产脱节，社会化服务落后于发展速度。很多散户产品优质不能优价，销售渠道不畅，品牌效应不明显等，造成供应市场不均衡、质量不稳定，形不成产业化生产。

林下生态养鸡的产品多为高端产品，逢年过节是销售最旺时节。因为其独特的生产、销售规律，所以如何利用林下生长季节、市场需求变化、市场价格的时间差和地区差进行有效组织生产和销售，取得最大收益，并争取全年均衡生产尚需认真探索。

因此，要加强林下养鸡全产业链的建设，包括优良鸡种繁育、饲料商品化供应、先进设施建设生产、鸡群安全保健、配套的市场供应网络以及特色餐饮旅游开发等。

（4）产业化生产有待健全、完善 目前有些地区林下生态养鸡技术服务不配套、产品销路不稳定，造成效益起落不定、影响农民积极性。林下生态养鸡必然要走区域化布局、规模化饲养、市场化经营的现代化产业之路。今后要努力实现集团式生产，配套建设鸡种繁育、孵化育雏、育成育肥、肉蛋运销、产品加工、生产资料供应、技术服务、特色餐饮旅游开发。对这些环节，要进行专业化分工，不断健全、延伸、完善产业化链条，并且通过"龙头企业＋合作社＋基地＋放养户"的生产组织形式，建立农工贸一体化的经济运行机制，实现林下生态养鸡产业的可持续发展。

（5）大力发展标准化生产 目前在标准化生产方面虽然做了一些工作，但是宣传和推广普及程度不够。今后仍需进一步建立、完善涵盖产地环境、生产过程、产品质量、包装储运、专用生产资料等环节的技术标准体系。实现从田间放养到餐桌全过程的质量控制，以提高产品质量，保障食品安全，保护生态环境，为社会提供名副其实的优质鸡蛋、鸡肉等食品。

6. 林下生态养鸡发展前景如何？

随着人们生活水平的提高和社会文明的进步，规模化笼养蛋鸡产品药残难以控制、疾病威胁严重、污染破坏生态环境等问题日益引起全社会的重视。而以回归田野自然放养形式的林下生态养鸡因其产品质量优、风味好、符合生态保护政策，越来越受到消费者青睐和社会肯定。

国外一些发达国家十分重视与提倡发展生态养鸡，如加拿大采用可移动式鸡舍在草场轮牧养鸡。还有一些国家，市场销售的鸡蛋要注明是笼养还是放养，放养的鸡蛋的价格要贵很多。这也传递出一种信息：世界养鸡业将会越来越向重视产品质量、生态环境和动物福利的方向发展。

总之，林下生态养鸡能够充分利用自然资源，保护环境，生产优质畜牧和林果产品，在实现林果业、畜牧业与大自然充分结合、促进自然界生态平衡及可持续发展的同时，提高收益，富裕农民，满足消费者需求，符合林牧业发展的趋势。

林下生态养鸡作为养鸡业和林果业一个新的增长点和突破口，肯定会成为一个有利于农业增产、农民增收，繁荣农村经济的大产业，具有广阔的发展前景。

二、林下生态养鸡的
主要品种

1. 如何选择适宜林下养鸡品种?

根据不同的林地具体条件、鸡的生产性能及蛋品品质,并结合市场价格确定适宜的品种。选择原则:①适应性广、抗病力强;②产蛋量高;③体型大小适中;④产品畅销。

经我们多年试验发现,在鲜果果园(梨、枣、苹果)养鸡,为防止鸡攀树啄食果实,应选腿短、飞翔能力差的鸡,比如农大3号、乌鸡等;在林地、果园(坚果)养鸡,选用太行鸡、绿壳蛋鸡等地方品种。一些配套系鸡种也可以在林下饲养。

2. 适宜林下饲养的地方品种鸡主要有哪些?

国内地方品种及国内培育的、从国外引进的配套系均可在林下饲养,特别是我国各地的地方良种鸡比较起来更具有优势。

其中太行鸡(Taihang chicken),曾用名河北柴鸡,属蛋肉兼用型。太行鸡的形成是在当地自然生态环境条件下,经民间长期选育而成的地方品种。主要分布在河北省境内的邯郸以北、涞源以南的太行山区及周边地区。1985年收录于《河北省畜牧志》,2004年收录于《中国禽类遗传资源》,2009年收录于《河北省家畜家禽品种志》,2015年通过国家畜禽遗传资源委员会鉴定。目前,河北省有太行鸡原种场2个(赞皇县天然农产品开发有限公

司、河北金凯牧业有限责任公司），核心保种群 8 000 余只。太行鸡存栏量在 1 000 万只以上。

还有不少优良的地方品种鸡同样具有耐粗饲、动作敏捷、抗病力强、适应性广、蛋品质好的优点。国内地方鸡种见表 2-1。

表 2-1　国内地方鸡种

品　种	主要产区与分布	外貌特征	生产性能
仙居鸡	主要产区在浙江省仙居县及邻近的临海、天台、黄岩等县，分布于浙江省东南部	以黄色鸡种为主，体型健壮结实，羽毛紧凑，单冠直立，喙短而棕黄	年产蛋数 180～200 个，平均蛋重 42 克，蛋壳深褐色
汶上芦花鸡	山东济宁	羽毛为黑白相间的横斑羽，体型呈元宝形，胫色多为白色，多为单冠，喙多为青色	年产蛋数 180～200 个，平均蛋重 45 克，蛋壳粉色
白耳黄鸡	江西省上饶地区，广丰，上饶、玉山三县和浙江省江山市	黄羽、黄喙、黄脚、白耳，耳叶大，呈银白色	年产蛋数 190 个左右，平均蛋重 42 克，蛋壳呈褐色
东乡绿壳蛋鸡	江西省东乡县，江苏、湖南、陕西、湖北等省也有分布	羽毛黑色，单冠直立，冠、喙、皮、肉、骨、胫、趾多呈乌黑色	500 日龄平均产蛋数 152 个，300 日龄平均蛋重 48 克，500 日龄平均蛋重 49.6 克，蛋壳浅绿色

一些国外或国内培育的配套系鸡种也可以在林下饲养，比较有代表性的有海兰鸡、京红 1 号、京粉 1 号、京白 939、农大 3 号。

3. 太行鸡用于林下养鸡的特点是什么？

太行鸡蛋肉兼用、觅食力强，十分适宜林下饲养。其体型清秀，外貌紧凑，呈典型的 "V" 字形，头较小、颈细，尾翘。成年公鸡体羽红色，尾羽和翼羽黑色，喙青色或粉色，皮肤粉色或白色，胫青色，耳叶白色或粉色，单冠，冠齿 5～7 个，公鸡较母鸡鸡冠发达。成年母鸡体羽麻色，尾羽羽梢黑色，喙青色或粉色，皮肤粉色或白色，胫青色，耳叶白色或粉色，单冠，冠齿5～7个。母鸡就巢率在10%左右。

商品太行鸡母鸡150～165日龄开产，500日龄产蛋180～210个，平均蛋重45.03克，产蛋期料蛋比3.0～3.2∶1，蛋壳粉色。太行鸡种母鸡180日龄、蛋重40克以上可进入繁殖期，自然交配下公母比例1∶12～15，人工授精下公母比例1∶25～35，种蛋受精率90%以上，受精蛋孵化率90%以上，1只母鸡1年可提供150～170只雏鸡。

太行鸡蛋壳淡褐色、红褐色和白色。新鲜柴鸡蛋灯光透视整个蛋呈橘黄色至橙红色，蛋黄不见或略见阴影。打开后蛋黄凸起、完整、有韧性，蛋黄比例大且颜色发黄，蛋白澄清、透明、黏稠，色泽鲜艳，无异味。

平均蛋重45克，蛋形指数1.32，蛋壳强度43.8克/厘米^2，蛋壳厚度0.4毫米。蛋黄比率32.3%，哈氏单位68.5，蛋黄评分8.65。

太行鸡产肉性能见表2-2。

表2-2 太行鸡120日龄和300日龄屠宰结果表 （单位：克、%）

指标 项目	120日龄		300日龄	
	公	母	公	母
宰前活重	1561.4	1060.1	1745.1	1388.0
屠体重	1388.0	966.0	1561.0	1263.8
屠宰率	88.9	87.3	89.5	87.8
半净膛率	75.6	80.0	80.9	75.8
全净膛率	62.9	62.6	64.9	60.5
腿肌率	28.9	21.3	31.3	21.1
胸肌率	14.6	12.9	15.9	12.9
腹脂率	0.04	1.2	2.6	4.6

4. 海兰褐鸡用于林下养鸡怎么样？

海兰褐鸡常用于林下养鸡。其商品代初生雏，母雏全身红色，公雏全身白色，可以自别雌雄。但由于母本是合成系，商品代中红色绒毛母雏中有少数个体在背部带有深褐色条纹，白色绒毛公雏中有部分在背部带有浅褐色条纹。商品代母鸡在成年后，全身羽毛基本（整体上）红色，尾部上端大都带有少许白色。该鸡的头部较为紧凑，单冠，耳叶红色，也有带有部分白色的。皮肤、喙和胫黄色。体型结实，基本呈元宝形。海兰褐鸡商品代生产性能见表2-3。

表2-3　海兰褐商品代蛋鸡生产性能

项　目	生产性能
生长期（至17周龄）成活率 （％）	97
生长期饲料消耗 （千克/只）	5.62
17周龄体重 （千克/只）	1.40
产蛋期高峰产蛋率 （％）	94～96
60周龄入舍母鸡产蛋数 （个/只）	245～253
80周龄入舍母鸡产蛋数 （个/只）	348～358
至60周龄成活率 （％）	97
至80周龄成活率 （％）	94
达50％产蛋率日龄 （天）	142
平均蛋重（26周龄）（克）	58.5
平均蛋重（32周龄）（克）	61.6
平均蛋重（70周龄）（克）	64.4
饲养日产蛋总重（18～80周龄）（千克）	22.3
入舍母鸡产蛋总重（18～80周龄）（千克）	21.7
32周龄体重 （千克）	1.91

续表2-3

项　目	生产性能
70周龄体重 （千克）	1.98
平均日耗料（18～80周龄）（克/只·天）	107
20～60周龄料蛋比	2.02：1
20～80周龄料蛋比	2.07：1

5. 海兰灰鸡可以用作林下养鸡品种吗？

海兰灰鸡也可以用来发展林下养鸡。海兰灰商品代初生雏鸡全身绒毛为鹅黄色，有小黑点呈点状分布，可以通过羽速鉴别雌雄，成年鸡背部呈灰浅红色，翅间、腿部和尾部呈白色，皮肤、喙和胫的颜色均为黄色，体型轻小清秀。海兰灰鸡商品代生产性能见表2-4。

表2-4　海兰灰商品代蛋鸡生产性能

项　目	生产性能
生长期（至18周龄）成活率 （%）	96～98
生长期饲料消耗 （千克/只）	6.0～6.5
18周龄体重 （千克/只）	1.45
产蛋期（至80周龄）成活率 （%）	93～95
达50%产蛋率日龄 （天）	152
高峰产蛋率 （%）	92～94
入舍鸡至74周龄产蛋数 （个）	305
入舍鸡至80周龄产蛋数 （个）	331～339
平均蛋重至30周龄 （克）	61.0
平均蛋重至50周龄 （克）	64.5
平均蛋重至70周龄 （克）	66.4

续表 2-4

项　目	生产性能
料蛋比	2.1～2.3：1
饲养日产蛋总重量（19～72周龄）	19.1
72周龄体重 （千克）	2.0
蛋壳颜色	粉色
平均日耗料（19～80周）（克/只·天）	105

6. 京红1号用于林下放养怎么样？

　　林下饲养京红1号商品代蛋鸡也挺好。这种鸡体型中等结实，呈元宝形。全身羽毛呈红褐色，单冠红色，冠齿4～7个，眼圆大有神，虹彩内圈为黄色、外圈为橘红色，瞳孔为黑色，耳叶红色，喙、胫、皮肤呈黄色，四趾、无胫羽。母雏全身绒毛呈棕红色，少数个体背部有深褐色条纹，公雏全身绒毛呈白色。鸡蛋商品化率高（50～65克重量的鸡蛋占产蛋总数的90%以上），蛋壳质量好、呈深褐色，蛋内容物无鱼腥味。具有广阔的推广应用前景（表2-5）。

表2-5　京红1号商品代蛋鸡主要生产性能

项　目	指　标
18周龄体重 （克）	1510
达50%产蛋率日龄 （天）	139～142
高峰产蛋率 （%）	94～97
72周饲养日产蛋数 （个）	331
72周产蛋总重 （千克）	20.4
料蛋比	2.0～2.2：1
0～18周龄累计耗料量 （克/只）	6450

续表2-5

项　目	指　标
0～18周龄平均成活率（%）	98
19～72周龄平均成活率（%）	97
72周龄体重（克）	2 080

7. 林下生态养鸡选用京粉1号可以吗？

林下养鸡可以选用京粉1号鸡，它体型轻小清秀，背部、胸腹部羽毛呈灰浅红色，翅间、腿部和尾部呈白色，单冠红色，耳叶白色，眼圆有神，虹彩橘红色，瞳孔黑色，冠齿5～7个，喙、胫、皮肤均为黄色，四趾无胫羽。雏鸡全身绒毛为鹅黄色，有小黑点呈点状分布全身，公雏为慢羽，母雏为快羽，可羽速自别雌雄。该鸡性情温和，无啄肛、啄羽等不良习性。蛋壳呈粉色、色泽均匀光亮，蛋内容物无鱼腥味（表2-6）。

表2-6　京粉1号商品代蛋鸡主要生产性能

项　目	指　标
18周龄体重（克）	1 430
达50%产蛋率日龄（天）	140～144
高峰产蛋率（%）	93～97
72周饲养日产蛋数（个）	331
72周产蛋总重（千克）	20.1
料蛋比	1.9～2.0∶1
0～18周龄累计耗料量（克/只）	6 330
0～18周龄平均成活率（%）	98
19～72周龄平均成活率（%）	97
72周龄体重（克）	1 810

8. 林下养鸡选大午金凤怎样？

林下养鸡选用大午金凤也很好。雏鸡全身浅红色羽毛（占90%），红头脸（10%），即雏鸡的头、脸呈浅红色羽色，羽色自别雌雄。成年鸡全身羽毛为浅红色，颈部、尾部红色偏深，绒毛为白色，体型丰满，单冠、冠齿5～7个，肉垂椭圆而鲜红，耳叶为白色，喙、胫、皮肤为黄色。该鸡种具有红羽产粉壳蛋，适应性强，耗料少，产蛋多、蛋重适中，蛋壳颜色鲜艳，啄死淘率低，淘汰鸡价格高等独特优势（表2-7）。

表2-7　大午金凤商品代蛋鸡主要生产性能

项　目	指　标
18周龄体重 （克）	1 240
达50%产蛋率日龄 （天）	140
高峰产蛋率 （%）	95以上
72周饲养日产蛋数 （个）	322
72周产蛋总重 （千克）	19.60
料蛋比	2.16∶1
0～18周龄累计耗料量 （克/只）	6 000
0～18周龄平均成活率 （%）	98
19～72周龄平均成活率 （%）	95
72周龄体重 （克）	1 850

9. 京白939的生产性能如何？

雏鸡全身为花羽，主要为白羽，但有的在头部、背部或腹部有几片黑羽；另一种在头部、背部或腹部有片状红羽（约占30%）。母鸡为快羽，公鸡为慢羽，可利用羽速自别雌雄。

成年鸡全身为花羽，一种是白羽与黑羽相间，另一种在头部、颈部、背部或腹部相杂红羽。单冠，冠大而鲜红，冠齿5～7个，肉髯椭圆而鲜红，体型丰满，耳叶为白色；喙为褐黄色，胫、皮肤为黄色。京白939商品代蛋鸡主要生产性能见表2-8。

表2-8　京白939商品代蛋鸡主要生产性能

项　目	指　标
0～18周龄平均成活率　（%）	96～98
0～18周龄累计耗料量　（千克/只）	6.0～6.4
18周龄体重　（克）	1 330～1 380
达50%产蛋率日龄　（天）	140～150
高峰产蛋率　（%）	94～95
72周龄入舍母鸡产蛋数　（个）	270～280
72周龄入舍母鸡产蛋总重　（千克）	16.7～17.4
72周龄母鸡饲养日产蛋数　（个）	290～300
72周龄母鸡饲养日产蛋总重　（千克）	18.0～18.6
平均蛋重　（克）	60～63
料蛋比	2.30～2.33∶1
19～72周龄平均成活率　（%）	92～94
72周龄体重　（克）	1 700～1 800

10. 林下饲养农大矮小鸡怎么样?

农大3号节粮小型蛋鸡也可以用于林下养鸡。它是由中国农业大学育种专家经多年培育的优良蛋用品种。1998年通过农业部鉴定，1999年获得国家科技进步二等奖，2003年通过国家品种审定。农大3号节粮小型蛋鸡主要有两种产品类型，一种是小型褐壳蛋鸡，商品代鸡产褐壳蛋；另一种是小型浅褐壳蛋鸡，商品代鸡产浅褐壳蛋。农大 3 号商品代蛋鸡主要生产性能见表 2-9。

表 2-9　农大 3 号商品代蛋鸡主要生产性能

性能指标	3 号褐	3 号粉
育雏育成期（1～120 日龄）成活率 （%）	＞ 96	＞ 96
产蛋期成活率 （%）	＞ 95	＞ 95
达 50% 产蛋率日龄 （天）	146～156	145～155
高峰产蛋率 （%）	＞ 94	＞ 94
72 周龄入舍母鸡产蛋数 （个）	281	282
72 周龄饲养日产蛋数 （个）	290	291
平均蛋重 （克）	53～58	53～58
后期蛋重 （克）	61.5	61.0
产蛋总重 （千克）	15.7～16.4	15.6～16.7
120 日龄母鸡体重 （千克）	1.25	1.20
成年体重 （千克）	1.60	1.55
育成期耗料 （千克）	5.7	5.5
产蛋期平均日耗料 （克）	90	89
高峰期日耗料 （克）	95	94
料蛋比	2.06～2.10∶1	2.01～2.10∶1

三、林下生态养鸡场地规划与建筑设备

1. 为什么林下适合生态养鸡?

果园、林地土壤有机质含量在 2% 以上,容易滋生昆虫和杂草,隙地可以人工种植牧草,鸡粪培肥土壤。果园、林地生态养鸡是发展林牧经济的良好模式之一。

(1)果园 危害果树的病虫害种类繁多,每年由于气候条件不同,病虫害发生的种类和时期不尽相同。在一年的生长过程中,果树经过萌芽、展叶、抽梢、开花、结果和休眠等阶段,各阶段发生的病虫害种类、数量和危害方式也不同。果树的害虫与农作物、林木、蔬菜害虫一样,大多属于昆虫的一部分,一生要经过卵、幼虫、蛹、成虫 4 个虫期的变化,如各种心虫、天牛、吉丁虫、形毛虫、星毛虫等。过去多采用喷药、刮老皮、剪虫枝、拾落果、捕杀、涂杀等繁琐的方法防治。

果园生态养鸡可捕食这些害虫。在昆虫发育的各个阶段若被鸡发现,都能作为饲料被鸡采食。同时,通过灯光诱虫喂鸡,可明显减少果树虫害,降低农药使用量,减少农药残留,改善生态环境。据我们试验,在梨园和枣园生态养鸡后,梨园好果率由 79% 提高至 85%,单果重由 191 克提高至 204 克;枣园好果率由 87.3% 提高至 90.5%,单果重由 5.8 克提高至 6 克。同时,果园虫害率由 46% 降低至 3.66%,农药少用 1/3。每亩果园放养

20只鸡，杂草只有不养鸡果园的20%左右。由于在果园中生态放养的鸡，捕食肉类害虫，蛋白质、脂肪供应充分，所以生长迅速。较农家庭院饲养生长速度快33%，日产蛋量多18%，而且节约饲料成本60%以上。

鸡粪中含有氮、磷、钾等果树生长所需要的营养物质。据分析，1只鸡1年的鸡粪含氮素900克、磷素850克、钾素450克。如果按每亩果园养20只鸡计算，就相当于施入氮肥18千克、磷肥17千克、钾肥9千克，提高了土壤肥力，促进了果树生长，节约肥料，又减少了投资（图3-1）。

图3-1 果 园

（2）林地　林地中牧草和动物蛋白饲料资源丰富，空间宽敞，空气新鲜，环境幽雅，适宜生态养鸡。

林地生态养鸡要充分发挥林地的有利条件：一是鸡觅食林中的虫、草，排泄的粪便增加地力，促进林木生长，减少化肥开支和污染。同时，树林密集的树冠，为鸡的生活提供了遮阴避暑防风避雨的环境，鸡在林丛中觅食，还可躲避老鹰的侵袭。二是鸡在林地活动范围大，抗病力增强，平时管理上很少用药，生产出来的鸡蛋、鸡肉无药物残留。三是林地中优质饲料多。除了丰富的可食牧草外，春季有金龟子、红蜘蛛、象甲、行军虫、枣尺蠖等；夏、秋季节有蚂蚱、蟋蟀、毛虫、蜘蛛、食心虫、蚯蚓等；冬前有快入土和已入土的成虫、幼虫、虫卵、蛹茧等。据研究，养鸡林地未出现虫害，未养鸡林地树叶被虫毁80%以上。养鸡10天后林间草地黏虫减少到7条/米^2，而未养鸡地块黏虫密度为402条/米^2。林地生态放养为鸡提供了丰富的营养，可节约饲料10%，降低饲养成本10%～20%。

林地草场具有丰富的虫、草资源，鸡群能够采食到大量的绿色植物、昆虫、草籽和土壤中的矿物质。以草养鸡，鸡粪养草，二者相互依存，相互受益。我国北方草原虫害主要是各种中小型蝗虫、草原毛虫、草地螟、草原叶甲等，这些昆虫是鸡的好饲料。放养蛋鸡全天平均采食蝗虫净重77克，每只鸡日采食幼龄蝗虫1400～1700头，鸡只周围500米范围内几乎见不到蝗虫。经多次取样测定，4天内可使虫口密度由平均每平方米50头降低至1～3头，治蝗效率平均达96%。按放牧90天计算，每只牧鸡可控制草场蝗虫发生面积0.27公顷（图3-2）。

果园和林间隙地合理种植蔬菜或牧草等饲草，可为鸡提供绿色饲料，增加林地土壤固氮，既节省了养鸡饲料费，也改善了肉

图3-2 林 地

蛋产品风味。据试验，在鸡日粮中加入 3%～5% 的苜蓿粉不但能使蛋黄颜色变黄，还能降低鸡蛋胆固醇含量。

2. 林下生态养鸡的建筑与设备应注意哪些方面？

林下生态养鸡的场地、鸡舍、设备是影响养鸡效果的重要因素之一。生态养鸡环境相对开放，受外界自然气候影响明显，结合生态养鸡的生活习性特点，其棚舍和相关设备应确保生态养鸡的生活力、生产力和安全性。考虑到鸡的品种与用途、各地的气温、养殖规模、饲养方式和放养场地的不同，对鸡舍和设备的要求也不同。鸡场的建设必须通过认真科学的设计，从场址选择、鸡舍建设、布局结构、设备和用具的应用、场区卫生防疫设施等方面综合考虑，做到生产和管理科学合理。

3. 选择林下生态养鸡的基本原则有哪些？

在林下生态养鸡，具体选择地点要符合无公害生产、绿色生产原则，生态和可持续发展原则，经济性原则和防疫性原则。

所选林下的土壤、水源、空气、周围建筑等环境应该符合无公害生产标准，防止有重工业、化工工业等工厂的污染。在拟建放养鸡场时，必须对当地的历史疫情做周密详细的调查研究，要特别注意附近的兽医站、畜牧场、集贸市场、屠宰场与该林下的距离、方位及有无自然隔离条件等问题。放养场选址和建设要有长远规划，做到可持续发展。选址时应该考虑处理粪便、污水和废弃物的条件和能力，事先应对当地排水、排污系统调查清楚，如排水方式、纳污能力、污水去向、纳污地点、与居民区水源距离、能否与农田灌溉系统结合等。污水要经过处理后再排放，使养鸡区域不至于成为污染源而破坏周围的生态环境。在选址用地和建设上要考虑资源的稀缺性问题，无论是选地，还是进行鸡舍建设，都应精打细算，厉行节约。

具体要求：

①林下是最适合生态养鸡的环境，因为放养场地选择的先后顺序为：果园（平原和山地）—林地—农田（棉花、玉米等，小麦、谷子等低矮易落粒作物不适宜放养）—人工草地—天然草场。所以，要优先选择林下作放养场。

②林下养鸡区，其位置与居民生活区、生活饮用水源地、学校、医院等公共场所的距离要符合国务院兽医主管部门规定的标准。场地距离交通要道及村庄 500 米以上，远离噪声源和污染源 1 000 米以上。场地宽阔，地势平坦或缓坡，背风向阳，面积在 2 公顷以上。

③场地的环境质量应符合《畜禽场环境质量标准》（NY/T 388）要求。欲申报绿色食品鸡蛋或鸡肉认证的放养场地，应符合《绿色食品　产地环境技术条件》（NY/T 391）要求。可饮用水水源充足，水质符合《无公害食品　畜禽饮用水质》（NY 5027）的规定（表 3-1）。

④有足够供养鸡可食的野生饲料资源（如昆虫、饲草、野菜、谷物籽粒等），夏季牧（杂）草生长季节可食草的数量平均在 300 株/米^2 以上。放养场地应有天然阻隔屏障，如山岭、树林，便于避雨避敌和预防疫病传播。

⑤如果林下所在位置属于下列区域则不要选择：水源地保护区、旅游区、自然保护区、环境污染严重区、易发重大动物传染病疫区，其他畜禽场、屠宰厂附近，候鸟迁徙途经地和栖息地，山谷洼地易受洪涝威胁地段等。

4. 如何选择适宜生态养鸡林下类型？

（1）果园　在果园选择上，以干果、主干略高的果树和使用农药较少的果园地为佳。最理想的是核桃园、枣园、柿园和桑园等，并且要求排水良好。这些果树干干较高，果实结果部位也高，果实未成熟前坚硬，不易被鸡啄食。其次为山楂园，因山楂果实坚硬，全年除防治 1～2 次食心虫外，很少用药。在苹果园、梨园、杏园养鸡，放养期应躲过用药和采收期，以减少药害及鸡对果实的伤害。也可以在用药期，临时用隔网分区喷药，分区放养。

（2）林地　林地生态养鸡必须选好林地。要求林地地势高燥、排水良好、环境安静、杂草和昆虫较丰富，鸡能自由觅食、活动、休息和晒太阳。一般林地以中、成林为好，最好选择林冠较稀疏、冠层较高（4～5米及以上）、郁闭度在0.5～0.6的林分，透光和通气性能好，林地杂草、昆虫较丰富；林分郁闭度大于0.8或小于0.3时，树林枝叶过于茂密或稀疏，则不利于雏鸡生长。林地养鸡，树木间可搭建简易的遮阳棚，中午为鸡群提供遮阴，下雨时能够避雨。

山区最好是灌木丛、荆棘林或阔叶林等，土质以沙壤为佳，若是黏质土壤，在放养区应设立一块沙地。附近最好有小溪、池塘等清洁水源。鸡舍建在向阳南坡上，鸡舍坐北朝南，鸡舍和运动场地势应比周围稍高，倾斜度以10°～20°为宜，不应高于30°。树枝应高于鸡舍门窗，以利于鸡舍空气流通。

5. 林下生态养鸡对地势有何要求？

地势指放养区的海拔高度情况和高低起伏状况。应根据具体情况具体选择。

在平原，应选择地势高燥平坦、开阔的地方。避免在低洼潮湿及排水不好的地方养鸡，防止地面潮湿污浊，鸡发生消化道疾病和体内外寄生虫病，防止地势低洼排水不良、污染物在雨后被冲击沉淀，尤其是积存一些病原微生物和有毒有害的化学物质等。放养地的地下水位要低。

在丘陵和山区，应选择地势较高，背风向阳的地方。山坡要缓，不宜过大，陡坡不适宜放牧。主要放牧地高于周围地平面，容易排水，背风向阳。这种场地阳光充足、地势高燥、卫生。低洼积水的地方不宜建场。山地放养区地应注意地质构造情况，避

开滑坡和塌方的地段，也应避开坡底、谷口地及风口，以免受到
山洪和暴雨的袭击。

6. 放养区对地形、面积有何要求?

地形指放养区的形状、范围和地物的相对平面位置状况。面
积是指放养地地块的大小。由于实行规模化养殖，放牧地块面积
尽量大而宽阔，一般不小于 2 公顷。不要选择过于狭长或边角过
多的多边形地块，以方正规范的地块最佳。如果在面积很大的地
块放养，可根据饲养数量将其分割成若干小块，每个小块放牧地
的面积应在 2 公顷以上。

林下生态放养鸡确定适宜的养殖密度很重要。应该坚持以生
态效益优先，尤其是在山场林地放养，既要充分利用山场生物资
源，又不能使之受到破坏。国内近年各地推荐的饲养密度相差悬
殊，从 750～7 500 只/公顷不等。

7. 放养区什么样的土壤适合生态养鸡?

土壤指地球陆地表面能够生长绿色植物的疏松层，是由固
体颗粒、土壤溶液和土壤空气 3 部分组成。沙粒、粉粒、黏粒三
者比例相等的是壤土。壤土地的耕性最好，土壤水气比例最易达
到理想范围，土壤温度状况也较易保持和调整，壤土的土壤物理
性质最理想。一般来说，只要有丰富的饲草资源和非低洼潮湿地
块，任何地质和土壤的地块都可放养鸡。但是考虑生态养鸡长期
在一个地块生活，地质和土壤对鸡的健康状况产生较大的影响。
因此，除了有坡度的山区和丘陵以外，最好是沙质壤土，以防止
雨后场地积水而造成泥泞，给鸡体健康形成威胁，并且要求无病
源和工业废水污染。

8. 放养区水源水质有什么要求?

场址附近必须有洁净充足的水源，取用、防护方便。鸡场用

水比较多，每只成年鸡每日的饮水量平均为 300 毫升，生活用水及其他用水，是鸡饮水量的 2～3 倍。最理想的水是不经过处理或稍加处理即可饮用。放牧期间需要保证充足优质的饮水，尤其是在外植被稀疏的地块和阳光充足、干燥的气候条件下，鸡的饮水量大于舍内笼养鸡。为了保证鸡体健康和产品质量达到无公害乃至绿色食品标准，应该注重水的质量，包括感官指标、细菌学指标、毒理学指标等。水的质量标准应符合无公害畜禽饮用水标准（NY5027—2001）。要求水中不含病原微生物，无臭味或其他异味，水质澄清透明，酸碱度、硬度、有机物或重金属含量符合无公害生产的要求。

水源最好是地下水，以自来水管道输送。深层地下水水量较为稳定，并经过较厚的沙土层过滤，杂质和微生物较少，水质洁净，且所含矿物质较多。地面水源包括河水、湖水、池塘水等，其水量随气候和季节变化较大，有机物含量多，水质不稳定，多受污染，使用时必须经过处理。

农药限量按照《畜禽饮用水中农药限量指标》执行。

9. 林下生态养鸡放养区如何规划布局？

林下生态养鸡规模一般较小，各类设施建设和布局相对简单。但总体布局要科学、合理、实用，并根据地形、地势和当地主风向确定鸡舍和设施的相对位置，包括防疫卫生的安排，要做到既考虑饲养管理方便、卫生防疫科学，又照顾到相互之间的联系。否则，容易导致鸡群疾病不断，影响生产和效益。

（1）规模计划　根据放养区面积、植被状况，参考表 3-1 计算出放养鸡规模。一般每一鸡舍（棚）容纳产蛋鸡 300～500 只或青年鸡 500 只（5～8 只 / 米^2）。根据放养鸡规模和建筑规格计算出放养鸡舍面积。果园和林地与其他地方是不同的。

表 3-1　不同放养区地放养柴鸡数量表 （单位：只/公顷）

放养场地	果 园	林 地	农 田	山 场	草 场
放养鸡数量	525～750	450～600	375～525	300～750	525～825

根据放养鸡批次、规模，参照表3-2计算出育雏舍建设面积。

表 3-2　雏鸡的饲养密度 （单位：只/米²）

周 龄	立体笼养	平面育雏
1～2	60～75	25～30
3～4	40～50	25～30
5～6	27～38	12～20

（2）场区布局　在林地里，按规模大小、饲养批次不同分成几个放养小区，鸡舍之间距离根据林地大小，一般不低于80米。需要注意生产鸡群的防疫卫生，尽量杜绝污染源对生产鸡群的环境污染。

如地势与主风向在方向上不一致时，则以夏季主风向为主。对因地势造成水流方向与建筑物相悖的，可用沟渠改变流水方向，避免污染鸡舍。

10. 放养鸡密度如何确定？

根据林地中植被可食草情况，分为4个类型：第一种：树下是人工草地，种有人工牧草，土层较厚（50厘米以上），土壤肥沃，可食牧草丰富（1600株/米²以上）；第二种：树下是优质草地，土层较厚（30～50厘米），土壤较肥沃，可食牧草较多（800株/米²以上）；第三种，树下是一般草地。土层较薄（15～30厘米），可食牧草较少（400株/米²以上）；第四种，树下草地土层薄（0～15厘米），可食牧草少（小于400株/米²）。

　　适宜放养鸡密度判断标准：观察鸡的采食和生长情况，林下放养区植被可食草变化情况，确定适宜的放养鸡密度。分为3个标准：过牧——鸡明显采食不足，生长缓慢，草的生长量低于采食量，山地草地有明显的刨坑，表明植被受到明显破坏，牧草生长受阻；适宜——每天补充配合饲料50克的情况下，鸡生长发育正常，草的生长量与采食量相当，没有发现明显的植被受到破坏现象；余牧——鸡不仅可以满足营养，补充的饲料有剩余现象，或牧草的生长大于采食，植被没有出现过牧和受到破坏的痕迹。

　　不同植被类型放养场推荐适宜放养鸡密度见表3-3。

表3-3　放养区不同植被类型适宜放养鸡密度　（只/公顷）

植被类型	适宜密度	最大密度	备　注
人工草地	450～750	900	人工种植牧草的草坡可采取上限，自然草坡取下限
优质草地	375～525	600	根据可食牧草的密度灵活掌握
一般草地	225～300	450	根据可食牧草的密度灵活掌握
劣质草地	封山封林	150	尽量封山，以恢复山场植被。最多不超过150只/公顷

11. 林下养鸡必须用围网吗？怎样建围网？

　　林下生态养鸡不是流动的放牧式养殖，一般鸡舍是固定在一个地方放养。为了便于管理，预防兽害和鸡只走失，或为了划区轮牧、预防农药中毒，放养区周围或轮牧区间应设置围栏护网，尤其是果园、林地分属于不同农户管理的放养地。如不设置围网，将增加管理难度，鸡只容易受到兽害或与邻居发生矛盾。

　　放养区围网可用1.5～2米高的铁丝网或尼龙网，每隔8～10米设置一根垂直稳固于地基的木桩、水泥桩或金属管立柱，也可以借助果树或树干固定。将铁丝网或尼龙网固定在立柱上，人员出入口处设置宽能进出车辆的门 1 个。放养鸡舍（棚）前活动场周围设 2 米高的铁丝或尼龙丝防护网，并与鸡舍（棚）相连，用于夜间护鸡。注意网与地面接触部要严密牢固，如有缝隙不但鸡可进出，野兽也可出入（图 3-3）。

图 3-3　围网护鸡

12. 林下生态养鸡是否必须建鸡舍？

为了提供傍晚补料、防风避雨、夜晚休息、防敌避害的场所，以及便于管理，必须为鸡建造鸡舍。如果没有鸡舍，放养鸡还会四处为家，到处产蛋，也不便于补饲、供水和防疫管理，并易受野兽侵害，如遇暴风骤雨、严冬大雪更会损失惨重。鸡舍可以为放养鸡提供安全的休息场地，驯养好的放养鸡傍晚会自动回到鸡舍采食补料，夜间进舍休息，方便捕捉及预防注射。在舍内冬暖夏凉，栖架休息不接触潮湿地面，鸡也不容易得病。

13. 林下养鸡的鸡舍建筑有哪些要求？

（1）防暑保温、背风向阳、光照充足　林下养鸡的鸡舍建在野外，舍内温度和通风情况随着外界气候的变化而变化，这种影响直接而迅速，因此鸡舍要做到防暑保温。

鸡舍朝向的选择应根据当地气候条件、鸡舍的采光及温度、通风、地理环境、排污等情况确定。鸡舍朝南，冬季日光斜射，可以充分利用太阳辐射的温热效应和射入舍内的阳光，以利于鸡舍的保温取暖。鸡舍内的通风效果与气流的均匀性、通风的大小有关，但主要看进入舍内的风向角度多大。若风向角度为90°，则进入舍内的风为"穿堂风"，舍内有滞留区存在，不利于排除污浊气体，在夏季不利于通风降温；若风向角度为0°，即风向与鸡舍的长轴平行，风不能进入鸡舍，通风量等于零，通风效果最差；只有风向角度为45°时，通风效果最好。因此，鸡舍长轴以东西向为主，偏转不超过15°。

林下鸡舍窗户的面积大小也要适当，以保证光照充足，一般窗户与地面面积之比为1∶5。

（2）布列均匀　如果饲养规模大而棚舍较少，或放养地面积大而棚舍集中在一角，容易造成超载和过度放牧，影响正常生长，造成植被破坏，并易促成传染病的暴发。因此，应根据放养规模和放养场地的面积确定搭建棚舍的数量。多棚舍要布列均匀，间隔150～180米。每一棚舍能容纳青年鸡300～500只或产蛋鸡200～300只。

（3）便于卫生防疫　在设计鸡舍建造时必须考虑以后便于卫生管理和防疫消毒。鸡舍内地基要平整坚实，易于清扫消毒。屋顶、墙壁应光滑平整、耐腐蚀、易清洗消毒。鸡舍入口处应设消毒池。鸡舍所有门窗、通风口应设防蚊蝇、防鸟设施，避免引起鸡群应激和传播疾病。鸡舍周围30米内不能有积水，以防舍内潮湿滋生病菌。棚舍内地面要铺垫5厘米厚的沙土，并且根据污染情况定期更换。鸡舍内地面高度，应高出舍外地面25～35厘米为宜，否则鸡舍地面和垫料会潮湿，容易导致鸡群疾病的发生；另外，遇到暴雨，雨水会倒灌鸡舍。

14. 怎样设计与建设林下鸡舍？

（1）建筑材料　育雏鸡舍和普通放养鸡舍可用砖瓦结构，简易棚舍材料可用竹竿、木棍、角铁、钢管、油毡、石棉瓦及篷布、塑料编织布等搭建，注意主要支架一定要稳固。

（2）地基、地面　地基要坚实、组成一致，最好建在沙砾土层或岩性土层上。地面要求高出舍外地面 25～35 厘米，平整坚实。

（3）屋顶　屋顶形状以"A"形为主，跨度较小的也可建成平顶或拱形。材料要求保温，不漏水。

（4）鸡舍门窗

①雏鸡舍　放养鸡批次规模一般不大，育雏舍相对较小，但要求与蛋鸡育雏舍基本相同。设 1～2 个门，位置在鸡舍南墙的两端或山墙，门口设缓冲间。门高 2 米，宽 1～1.2 米；在南、北墙距舍内地面 1.2 米处，每隔 3 米设 1 个宽 0.5～0.6 米、高 0.8～0.9 米的窗户。南方气候温暖，育雏舍窗户总面积可适当增加。

②普通鸡舍　设 1 个门，位置在鸡舍南墙的一端或山墙，门高 2 米，宽 1.2～1.3 米；在南墙距舍内地面 1 米处，平均每隔 2.5 米设置 1 个窗户，窗宽、高各 0.8～1 米。

③简易棚舍　一般不设窗户，在棚舍一端或侧面设 1 个门，高 2 米，宽 1.2～1.3 米。移动棚舍不设窗户，棚舍一侧或两侧为活动侧门，一般用钢架和铁丝网制成，便于车辆运载。

15. 林下鸡舍有哪些形式？各有什么特点？

鸡舍一般分为普通型鸡舍、简易型鸡舍和移动型鸡舍。普通鸡舍常用于育雏、养鸡越冬或产蛋鸡；简易鸡舍一般用于放养季节的青年鸡；移动型鸡舍主要用于青年鸡划区轮牧。棚舍作为生态养鸡避风雨、保温暖的休息场所，除了背风向阳、地势高燥外，整体要求应符合放养鸡的生活特点，并能适应林下放牧条件。

（1）普通型放养鸡舍　放养鸡舍主要用于林卜青年鸡或产蛋鸡放养期夜间休息或避雨、避暑。总体要求保温防暑性能及通风换气良好，便于冲洗排水和消毒防疫，舍前有活动场地。这类鸡舍无论放养季节或冬季越冬产蛋都较适宜。鸡舍高 2.2～2.5 米，宽 4～6 米，长 10～12 米。一般能容纳产蛋鸡 300～500 只或青年鸡 500 只（图 3-4）。

图 3-4　普通型放养鸡舍

利用林地的空闲房舍，经过适当修理，使其符合放养鸡要求，可以节约鸡舍建筑投资、降低成本。一般旧的农舍较矮，窗户小，通风性能差。改建时应将窗户改大，或在西墙或北墙开小窗，增加通风和采光量。旧的房屋地基大都低洼，湿度大，改建时要用石灰、泥土和煤渣打成三合土垫高舍内地面，做到舍内干燥。

（2）简易型鸡舍　简易棚舍，主要是在夏秋季节为放养鸡提供遮风避雨、夜间休息的场所。棚舍材料可用砖瓦、竹竿、木棍、角铁、钢管、油毡、石棉瓦及篷布、塑料编织布、塑料布等搭建；棚舍四周要留通风口；对简易棚舍的主要支架用铁丝分 4 个方向拉牢。其方法和形式不拘一格，随鸡群年龄的增长及所需面积的增加，可以灵活扩展，要求棚舍能隔温、挡风、避雨、不积水。简易型鸡舍高 2～2.2 米，宽 3～5 米，长 8～10 米，能容纳青年鸡 200～300 只或产蛋鸡 200 只（图 3-5）。

图 3-5　简易型棚舍

简易棚舍如塑料大棚，其突出优点是投资少，设备简单，建造容易，拆装方便，不破坏耕地，节省材料和能源，适合小规模放养鸡群。与建造固定鸡舍相比，资金周转回收较快；缺点是保温性能差、易潮湿和不防火。简易棚舍养鸡，在通风、取暖、光照等方面可充分利用风力、太阳能等自然能源，提倡低碳生态养殖；夏天棚顶覆盖一层麦秸或草帘子，可使舍内比舍外低 $2\sim3℃$，如果结合棚顶喷水，可降低 $3\sim5℃$。

（3）移动型鸡舍　移动型鸡舍适用于喷洒农药和划区轮牧的果园、林地，可以充分利用自然资源，便于饲养管理，用于林下放养期间的青年鸡。主要材料以钢架及铁网结构为主，周围用丝网或塑料布、塑编布、篷布，但注意要留有透气孔。底架要求坚固，若要推拉移动，底架下面要安装直径 $50\sim80$ 厘米的车轮，车轮数量和位置应根据移动型棚舍的长宽合理设置；也可用车辆运载。一般高 $1\sim1.5$ 米，宽 $2\sim2.5$ 米，长 $3\sim5$ 米，每高 50厘米设一平隔层。每一移动型棚舍可容纳青年鸡 $200\sim250$ 只。使用移动型棚舍，开始鸡可能不适应，因此要注意调教驯化，主要是用饲料引鸡入笼（图 3-6）。

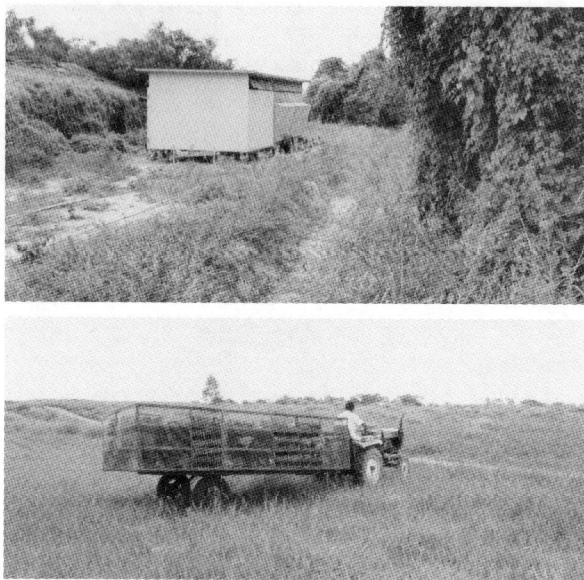

图 3-6　移动型鸡舍

16. 移动式棚舍有什么好处?

　　移动式棚舍可以划区轮牧,既可以充分利用自然资源,又可以防止过牧保护植被,还可避免果园施药期农药中毒,提高林下养鸡效益。

　　一般平原地区养鸡的果园、林地,以鸡舍为圆心,70% 以上的鸡在半径 50 米以内活动,90% 以上在半径 100 米以内活动。一般每亩 (1 亩 ≈ 667 米^2) 鸡的适宜放养数量为 20~30 只,好的草地可达到 40~50 只,最高不宜超过 80 只。放养一段时间后便可发现,鸡舍周围的草变得少多了,虫子更是寥寥无几。接下来就是补饲量的增加,放养区出现许多被鸡刨出的土坑,植物根茎被鸡啄食,造成植被破坏和养鸡效益降低。治虫季节果园和农田喷洒农药后,如继续放养鸡,极易造成农药中毒和产品农药残留。

　　使用移动式棚舍划区轮牧能很好地解决上述问题。方法是将放养区划分为若干小区，用移动式棚舍将鸡先运到一个小区放牧5～7天，等这一小区的虫、草被鸡采食得差不多或其他喷洒农药的小区药力已降到没有危害时，再用移动式棚舍将鸡运到另一小区放牧。这样，既充分利用了林地的自然虫、草资源，保护了植被，又可以避免农药中毒，减少补饲量。

17. 为什么要搭建遮阳棚？怎样搭建？

鸡放牧于林下，是完全开放的环境，直接遭受暴风骤雨、酷热严寒的影响。尤其是林木稀疏时，炎热的夏季中午，鸡只暴晒于直射的阳光下，容易造成中暑和热应激，影响生长发育和生产性能。突然而来的暴雨、冰雹，同样可对鸡只造成严重危害。搭建遮阳棚可有效避免上述伤亡。

遮阳棚可用遮阳网或石棉瓦搭建，四角用支架撑起。每个遮阳棚5～6米^2，可容纳50～60只鸡遮阴避雨。根据放养规模和群体数量计算建设数量，均匀分布于远离鸡舍的放养区内（图3-7）。

图3-7 遮阳网

18. 林下鸡舍为什么需要建栖架？怎样搭建栖架？

鸡有居高而栖的习性，为了鸡夜晚在棚舍内休息，并避免地面潮湿或天气寒冷对鸡的影响，养鸡舍内需要设置栖架。赵芙蓉等研究表明，蛋鸡对栖架材质和直径的偏好顺序分别为：木质、钢质、塑料，直径9厘米、6厘米、3厘米，设置栖架比地面平养更利于蛋鸡的行为表达。席磊等研究了栖架舍饲散养模式对蛋鸡生产性能、蛋品质及免疫功能的影响得出，栖架散养组平均料蛋比下降了9.05%，平均蛋重、平均产蛋率提高2.62%和3.45%；鸡蛋蛋白高度、哈氏单位、蛋形指数分别提高了24.13%、8.03%和6.35%（$P < 0.05$），胸腺指数、脾脏指数、法氏囊指数、鸡新城疫抗体效价分别提高了5.44%、3.48%、6.57%和16.74%。

栖架设置于普通鸡舍和简易棚舍内，为了多容纳鸡只及避免上边鸡粪落到下面鸡身上，结构多为"A"形或梯子形多层设计，用木杆、竹竿或钢管搭建。顶端角度不小于60°，横档之间的距离不小于35厘米。每只鸡所占栖架的位置不低于17～20厘米（图3-8）。

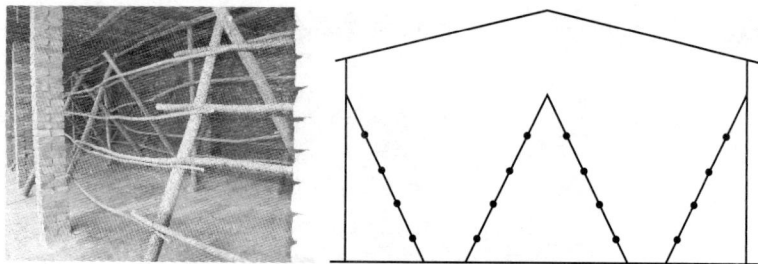

图3-8 栖架示意图

19. 产蛋窝的规格多大？如何布置与建设？

产蛋窝应建于避光安静处，分布要均匀，放置应与鸡舍纵向垂直，即产蛋窝的开口面向鸡舍中央。产蛋窝的多少、规格、位置等，对鸡的产蛋行为和鸡蛋的外在质量有较大影响。规格一般为宽30厘米、高37厘米、深37厘米，前面为产蛋鸡出入口。产蛋窝可用砖瓦结构，可搭建2～3层，最底层距离地面0.3米。

产蛋窝数量少，容易造成争窝现象，久而久之使争斗的弱者离开而到窝外寻找产蛋处。因此，配备足够数量的产蛋窝很有必要。由于鸡的产蛋率较现代品牌鸡低，产蛋时间较分散，可4～5只母鸡配备1个产蛋窝，但要根据实际情况确定。开产时窝内放入少许麦秸或稻草，并放入一空蛋壳或蛋形物以引导产蛋鸡在此产蛋。

如条件允许，可购置肉种鸡产蛋窝，因材质标准较高投资相对较多，制造时可以根据产蛋窝放置位置环境，采取单侧或两侧设置产蛋窝（图3-9）。

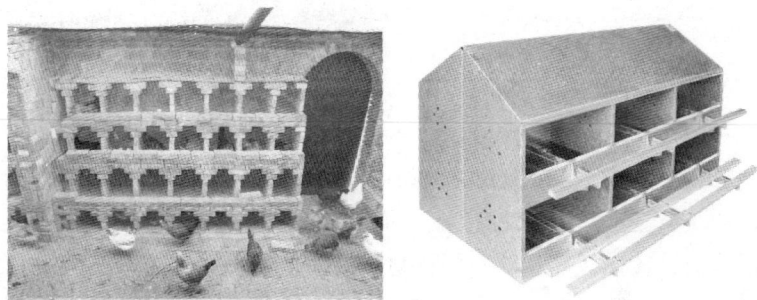

图3-9 产蛋窝

20. 养鸡的喂料设备有哪些类型？如何自制喂料设备？

（1）料桶 料桶的结构为一个圆桶和一个料盘。圆桶内装上饲料，鸡吃料时，饲料从圆桶内流出。它的特点是一次可添加大量饲料，贮存于桶内，供鸡只不停地采食。目前市场上销售的料桶有4～10千克的几种规格。容量大，可以减少喂料次数，减少对鸡群的干扰，但由于布料点少，会影响鸡群采食的均匀度；容量小，喂料次数和布点多，可刺激食欲，有利于鸡加大采食量及增重，但增加工作量。

料桶应随着鸡体的生长而提高悬挂的高度，要求料桶圆盘上缘的高度与鸡站立时的肩高相平即可。若料盘的高度过低，因鸡挑食溢出饲料而造成浪费；料盘过高，则影响鸡的采食，影响生长（图3-10）。

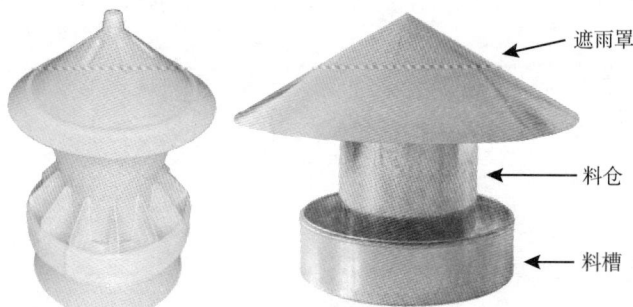

图3-10　散养鸡补料桶

（2）料槽　养鸡用的料槽，底宽10～15厘米，上口宽15～18厘米，槽高10～12厘米，料槽底长110～120厘米。一般采用木板、镀锌板和硬塑料板等材料制作，也可制成固定式的水泥槽上加盖4厘米×4厘米金属网。要求料槽方便采食，不浪费饲料，不易被粪便、垫料污染，坚固耐用，方便清刷和消毒。为防止鸡只踏入槽内弄脏饲料，可在槽口上方安装一根能转动的横杆或盖料隔，使鸡不能进入料槽，以防止鸡的粪便、垫料污染饲料（图3-11）。合理安放料槽的位置，使料槽高度与鸡的胸部平齐。每只鸡所占的料槽长度见表3-4。

表3-4　雏鸡需要的料槽及水槽的长度

周　龄	料槽长度（厘米/只）	水槽长度（厘米/只）
1～2	3	1
3～4	4	1.5
5～8	5	2

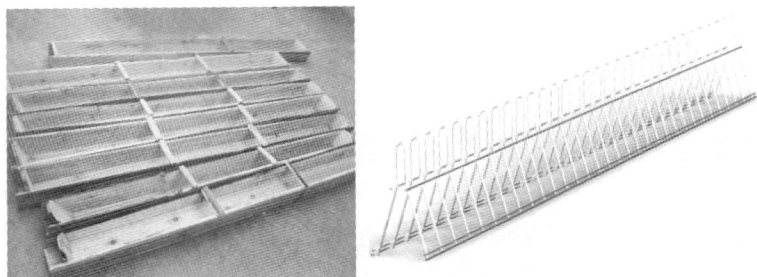

图 3-11　料槽和料槽隔

21. 林下养鸡的饮水设备有哪些类型？如何自制饮水设备？

鸡在林下的活动面积相对较大，夏季天气炎热，又经常采食一些高黏度的虫体蛋白，饮水量较多。所以，对饮水设备要求既要供水充足、保证清洁，又要尽可能节约人力，并且要与棚舍整体布局形成有机结合。

（1）真空饮水器　由一圆锥形或圆柱形的容器倒扣在一个浅水盘内组成。圆柱形容器浸入浅盘边缘处开有小孔，孔的高度为浅盘深度的 1/2 左右，当浅盘中水位低于小孔时，容器内的水便流出直至淹没小孔，容器内形成负压，水不再流出。使用时将饮水器吊起，水盘与鸡胸部齐平。真空饮水器轻便实用，也易于清洗（图 3-12）。

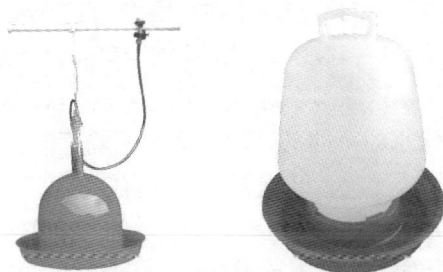

图 3-12　真空饮水器

（2）自动饮水水槽　水槽通常由镀锌铁皮、塑料管制成，呈长条状，放于鸡笼或围栏之前（图3-13）。其优点是鸡喝水方便，结构简单，清洗容易，成本低。缺点是水易受到污染，易传播疫病，耗水量大。每只鸡所占的槽位见表3-4。

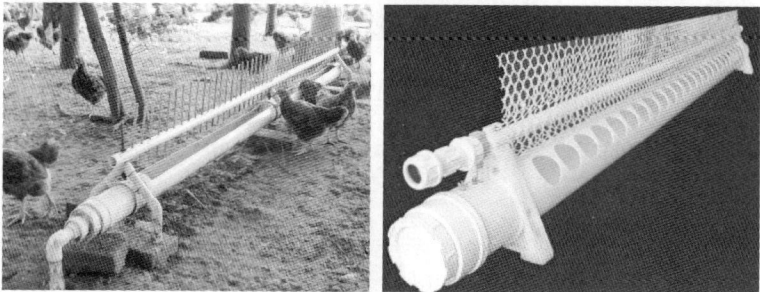

图3-13　自动饮水槽

（3）乳头式饮水器　乳头式自动饮水器是由外壳（饮水器体）、阀杆弹簧和橡胶密封圈等组成。平时阀杆在弹簧的弹力下与密封圈紧紧接触，使水不能流出。当鸡嘴触动阀杆时，阀杆回缩并推动弹簧，使阀杆和橡胶密封圈间产生间隙，水通过间隙流出，鸡可饮到水。当鸡停止触动阀杆时，阀杆在弹簧的弹力作用下恢复原状，停止流水。

此外，还有的乳头式自动饮水器不是靠弹簧推动阀杆密封，而是靠锥形橡胶密封圈与阀座在水压作用下密封。当鸡嘴触动阀杆时，阀杆歪斜，橡胶密封圈不能封闭阀座，水从阀座的缝隙中流出。也有的用钢球阀来封闭阀座的乳头式饮水器（图3-14）。

乳头式饮水器不同的开阀力适用的鸡不同，如开阀力40克左右，适用于成年鸡；开阀力10克左右，雏鸡、成年鸡都能用。此外，使用乳头式饮水器还应注意产品质量的选择，尤其要注意乳头式饮水器的密封性，检查其是否漏水。

乳头式自动饮水器是目前最先进的饮水器具，具有饮水方

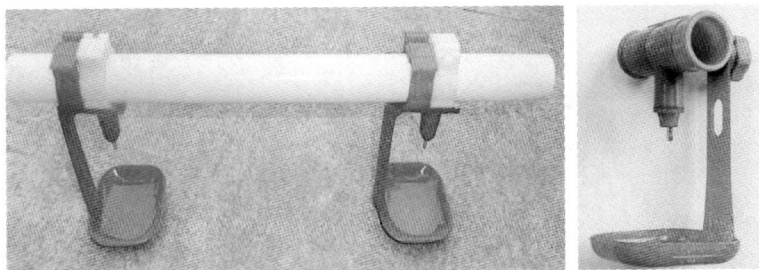

图 3-14　乳头式饮水器

便、卫生、省工、节约用水等优点。可以大大降低劳动强度，提高工作效率。

（4）自制饮水装置　根据真空饮水器原理，利用铁桶进行改装，如图 3-15 所示。水桶离地 30～50 厘米。将直径 10～12 厘米的塑料管沿中间分隔开用作水槽，根据鸡群的活动面积铺设水槽的网络和长度。向水桶加水前关闭"水槽注水管"，加满水后关闭"加水管"，开启"水槽注水管"，"进气管"进气，水槽内液面升高；待水槽内液面升高漫过"进气管"口时，水桶内的气

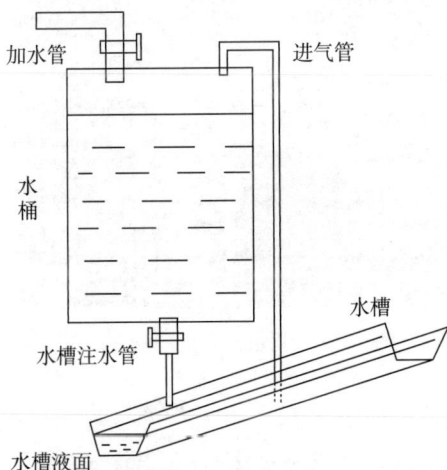

图 3-15　自动饮水装置

压形成负压，"水槽注水管"停止漏水；待鸡只饮用水槽内的水而使液面降低露出进气口时，"进气管"进气，"水槽注水管"漏水。如此反复而达到为鸡群提供饮水的目的。

林下生态养鸡的供水是一个困难问题。采用普通饮水装置在野外放置易受污染，费工、费力、费水，多应采用自动饮水装置，用封闭的水管导水，节约人工，污染程度相对较小。水槽尽量设置于树荫处，及时清除水槽内的污物，保持饮水清洁卫生。

22. 如何为放养鸡诱虫？设备有哪些？

主要设备有黑光灯、高压灭蛾灯、白炽灯、荧光灯、性激素诱虫盒或以橡胶为载体的昆虫性外激素诱芯片等（图3-16）。有虫季节在傍晚后于棚舍前活动场内，用支架将黑光灯或高压灭蛾灯悬挂于离地3米高的位置，每天开灯2～3小时。在放养场地每公顷放置20～30个性激素诱虫盒或昆虫性外激素诱芯片，30～40天更换1次。

图3-16　诱虫灯及太阳能电池板

在远离电网、具备风力发电条件的放养场可配备300～500瓦风力发电设备或汽（柴）油动力发电设备，用于照明及灯光诱虫。在有沼气池的地方也可以用沼气灯进行傍晚灯光诱虫。

23. 怎样应用野外发电设备？发电设备有哪些？

由于不断增长的能源需求和清洁环境低碳生产的需要，可利用自然能源发电或柴（汽）油发电机供林下养鸡生产和饲养员生活需要。发电设备有风力发电、太阳能发电和柴（汽）油发电，也可以采用风光互补型发电机组。

（1）风力发电　太阳辐射的能量在地球表面约有 2% 转化为风能，风是没有公害的能源之一。

风力发电机是将风能转换为机械功，机械功带动转子旋转，最终输出交流电的电力设备。风力发电机一般有风轮、发电机（包括装置）、调向器（尾翼）、塔架、限速安全机构和储能装置等构件组成（图 3-17）。风力发电机的工作原理比较简单，风轮在风力的作用下旋转，它把风的动能转变为风轮轴的机械能，发电机在风轮轴的带动下旋转发电。

300 瓦和 500 瓦风力发电机的参数指标见表 3-5。

图 3-17　风力发电机

表 3-5　300 瓦和 500 瓦风力发电机的参数指标

型　号	额定功率（瓦）	额定电压（直流电/伏）	风轮直径（米）	叶片数目（片）	额定转数（转/分钟）	工作风速范围（米/秒）	塔架高（米）
FD-300 瓦	300	28	2.5	3	400	3～30	5.5
FD-500 瓦	500	28	2.7	3	400	3～30	5.5

　　根据林下放养区电力需要确定采购风力发电机的功率。可用两个 12 伏电瓶并联应用；配套装置还有电压逆变器。整套装置按照说明书安装使用。

　　（2）太阳能发电　我国太阳能资源非常丰富，理论储量达每年 17 000 亿吨标准煤。太阳能资源开发利用的潜力非常广阔。通过太阳光直接照在太阳能电池板上产生电能，并对蓄电池充电，可输出 12 伏直流电和 220 伏交流电。太阳能发电机由以下三部分组成：太阳电池组件；充、放电控制器、逆变器、测试仪表和蓄电池或其他蓄能和辅助发电设备（图 3-18）。太阳能发电机的应用技术已经非常成熟，作为关键部件的太阳能电池使用寿命长，晶体硅太阳能电池寿命可达到 25 年以上。

　　太阳能发电具有以下优点：独立供电，不受地理位置限制，

图 3-18　太阳能发电机组

无须消耗燃料，无机械转动部件，建设周期短，规模大小随意；不会引起环境污染，安全可靠，无噪声，环保美观，故障率低，寿命长；拆装简易、移动方便、工程安装成本低，可以方便地与建筑物相结合，无须预埋架高输电线路，可免去远距离敷设电缆时对植被和环境的破坏和工程费用；具有永久性，一次投资而长期使用。

太阳能发电机根据用电量设计配置，太阳能发电系统的设计需要考虑如下因素：

①太阳能发电系统在哪里使用？该地日光辐射情况如何？

②系统的负载功率多大（例如，电视、照明、手机充电的总功率一般不超过 300 瓦）？

③系统的输出电压是多少？直流还是交流？

④系统每天需要工作多少小时？

⑤如遇到没有日光照射的阴雨天气，系统需连续供电多少天？

⑥负载的情况，纯电阻性、电容性还是电感性，启动电流多大？

⑦系统需求的数量？

（3）柴油发电机　电能是现代社会最主要的能源之一，发电机是将其他形式的能源转换成电能的机械设备。柴油发电机的基本结构是由柴油机、发电机以及控制系统三部分组成，柴油机作动力带动发电机发电。基本工作原理：柴油机驱动发电机运转，将柴油的能量转化为电能（图 3-19）。

放养鸡场一般采用小型柴油发电机组，功率 1～5 千瓦，输出功率 5～10 千瓦，输出单

图 3-19　柴油发电机

项电压自动调节为 220 伏。

24. 林下养鸡怎样防盗？防盗设备有哪些？

有的林下养鸡区面积大，鸡舍分散，安全管理难度较大。一些鸡场夜间有时发生被盗现象，少则十几只，多则几十只或上百只。可采取以下防盗措施。

（1）加强管理，夜间值班巡防　尤其是到了秋后是鸡即将出栏季节，应加强防范，夜间轮班巡防，雷雨、大风之夜更应加强戒备。

（2）建金属围栏　在放养区周围建设较为牢固的金属丝围栏能起到一定的防盗作用，平时要注意维护，及时修补漏洞。

（3）养鹅养犬预警护鸡　鹅、犬天性勇敢好斗，见到陌生入侵者会鸣叫示警，甚至上前叮啄，管理人员听到鹅、犬叫声应立即前往查看。据研究，每 500 只放养鸡配养 2～3 只鹅，有很好的防盗、防兽害作用。

（4）安装无线防盗报警装置　在需要防范的区域安装探测器及摄像头，如果有盗贼或野兽进入防范区域，探测器立即发射经数字编码的报警信号，该信号由防盗报警器主机接收（主机可放在办公室、卧室、客厅等地方），处于警戒状态的报警主机接收信号后，立即发出刺耳的警报声。根据报警声区分不同的报警防区，快速判断入侵方位。一般有 4～8 个无线防区报警指示，多的达 30 个防区。该装置可数码显示报警时间和防区，报警方位及时准确。面板设有"撤防""布防"按键，无须遥控器也可对主机布 / 撤防控制，方便实用。探测器和主机无线工作距离大于600 米，远的达 3～10 千米，采用密码无线传输，安全性强。主机交、直流两用，停电照常工作。主机可独立布防，也可配置遥控器布防、撤防，有紧急报警按钮。

无线防盗报警系统示意图见图 3-20。

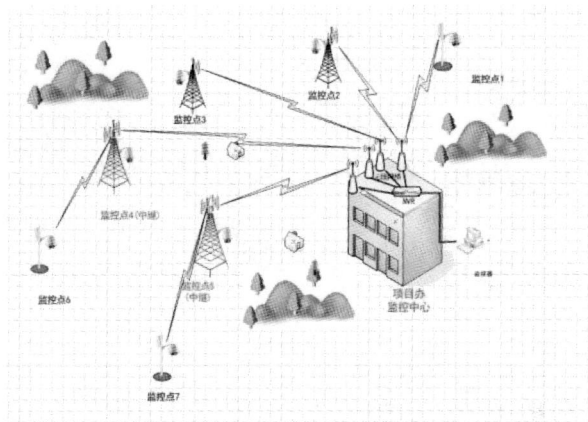

图 3-20　无线防盗报警系统

四、林下养鸡的营养
需要与饲料配合

1. 鸡在林下放养的采食特点是什么？

无论什么品种的鸡都可以在果园、林地放养，但以放养地方品种的鸡最好。

（1）**杂食性**　鸡在果园、林地放养时，采食范围非常广泛。动物性、植物性、单细胞类和矿物质饲料都可以被充分利用。常见的有树叶、青草、草籽、浆果、虫蛹、蚂蚁、蚯蚓、蝇蛆、蜘蛛、瓢虫、蛾类、蝗虫及虫卵，甚至各种幼小动物如小老鼠、青蛙、小爬行动物等，它们体内含有丰富的营养物质及特殊的生物活性物质，采食后不仅可以满足鸡自身的营养需要，提高鸡的抵抗力，还可以起到生物灭虫、灭蝗的作用。

（2）**觅食力强**　地方品种鸡适应性强、抗病力强、觅食力强。在放养情况下，由于鸡本身能自由地接触土壤地面和周围的植被环境，所以能够在地面上找到一切可以利用的营养物食用，可以从土壤中觅食自身所需的各种矿物质元素和其他一些营养物质。同时，林地中野生的中药材、人工种植的优质牧草等均可为鸡提供丰富的营养物质饲料，大大降低饲料成本和防病成本。

（3）**需要人工补喂饲料**　鸡所采食的青绿饲料含有大量的纤维素，但鸡的消化道中没有消化粗纤维的酶，饲料中的粗纤维主要靠盲肠中的微生物分解，但只有极少量小肠内容物经过盲肠，盲肠的消化作用有限，所以鸡对粗纤维的消化率低。仅仅依靠鸡的自由采食活动，野生饲料中所含的营养物质还不能完全满足鸡的营养需要，要保证鸡的正常生长发育，有高的生产性能，获得好的效益，无论所饲养的是什么品种，在什么饲养季节，都必须人工补喂饲料。

（4）喜食粒状饲料　喙的形状决定了鸡便于啄食粒状饲料。在不同粒度的饲料混合物中，鸡通常优先啄食直径3～4毫米的饲料颗粒，最后剩下的是粉末状饲料。因此，鸡在放养阶段，尽量选用加工均匀的全价颗粒饲料作为补充料，以满足其营养需要。颗粒配合料营养价值高，养分含量集中，鸡易采食，在饲喂过程中浪费少，并且在颗粒料的制粒加工过程中有灭菌作用等优点，是最好的人工补饲料。鸡在采食颗粒料后，可以增强肌胃的研磨功能，促进消化液的分泌，增强胃肠蠕动，有利于促进营养物质的消化与吸收。尤其在鸡生长后期颗粒饲料还可促使鸡多采食，适当缩短饲养周期，提高饲料转化率。

2. 鸡的营养需要有哪些特点？

鸡的生长发育和生产需要能量、蛋白质、矿物质、维生素和水等营养，前4类主要通过饲料来供给。一般地方品种鸡的生长速度较慢，生长期较长，所以要求日粮的能量和蛋白质等营养含量较现代配套系鸡低。我们研究提出了太行鸡不同生长阶段营养推荐量，见表4-1。该营养推荐量与笼养蛋鸡相同阶段的营养标准比较，能量提高了约5%，蛋白质降低了约1%。钙水平和必需氨基酸含量有所降低，有效磷含量相对一致。这是根据放养太行鸡的特点制定的。地方品种鸡在放养时，活动量大，能量消耗多；采食的优质牧草较多，氨基酸比例较好；产蛋率较低，从野外获得的矿物质较多。根据我们的实践，太行鸡采用该营养浓度推荐量可获得较理想的饲养效果。

表 4-1　太行鸡不同阶段营养推荐量

营养指标（%）	育雏期（0～6周龄）	生长期（7～12周龄）	育成期（13～20周龄）	开产期	产蛋高峰期	其他产蛋期
粗蛋白质	18.0	15.0	12.0	16.0	17.0	16.0
代谢能（兆焦/千克）	11.92	12.35	12.35	12.08	12.30	12.30
钙	0.9	0.7	0.7	2.4	3.0	2.8
有效磷	0.42	0.38	0.38	0.44	0.46	0.44
赖氨酸	1.05	0.71	0.56	0.73	0.75	0.73
蛋氨酸＋胱氨酸	0.77	0.65	0.52	0.59	0.62	0.59

3. 提高鸡肉和蛋黄颜色、风味的天然饲料有哪些?

为了改善蛋黄和鸡肉的色泽，提高肉蛋产品的风味，以满足不同地区、不同消费者的嗜好，提高产品的商业价值，常在鸡饲料中添加一些品质改良剂。但为了保证产品的生态和绿色，使用添加剂时应选择天然绿色饲料。

（1）提高鸡肉和蛋黄颜色的天然饲料　目前，常用的改善鸡肉和蛋黄颜色的天然饲料品种及推荐量见表 4-2。

表 4-2　提高鸡肉和蛋黄颜色的天然饲料品种及使用推荐量

品　种	推荐量	品　种	推荐量
黄玉米	60%	松针粉	3%～5%
胡萝卜	5%～10%	银合欢	10%～15%
南　瓜	10%	青蒿粉	2%～5%
海藻粉	2%～4%	红辣椒粉	0.01%～0.5%
苜蓿草粉	5%～6%	蒜辣粉（由大蒜粉和辣椒粉按1∶1的比例混合而成）	1%

续表 4-2

品　种	推荐量	品　种	推荐量
黑麦草粉	5%	胡枝子	10%～12%
聚合草	5%	栀子粉	0.5%～1%
三叶草	5%～10%	艾叶粉	2%～3%
益母草	0.5%～1%	黄芪粉	2%～3%
苋　菜	8%～10%	苍术粉	2%～5%
野菊花粉	2%～5%	孔雀苹	0.3%
万寿菊花粉	0.2%～0.3%	葡萄叶粉	6%
金盏菊花粉	0.2%	蜂　蜜	1 克／只·天
柑、橘皮粉	2%～6%	糠虾粉	3%
刺槐叶粉	5%～10%	蚕　砂	6%
鸡、猪血粉	15%	植物油渣	3%～5%
干牛粪粉	1.5%～3%	螺旋藻粉	1%～2%
紫菜粉	2%	杏仁粉	3%～5%

（2）提高鸡蛋和鸡肉风味的天然饲料

①**稀土**　鸡日粮中添加稀土可显著提高鸡肉的香味和肉汤滋味。

②**中草药添加剂**　日粮中添加适量的中草药添加剂可提高鸡肉的鲜、甜和香味，去除腥味。

③**桑叶粉**　在鸡饲料中添加饲用桑叶粉 3%，可显著提高鸡肉的风味与嫩度。

④**大蒜**　在鸡的日粮中添加大蒜或大蒜粉，可使鸡肉变得更为浓香。同时，可消除鸡因吃鱼粉而在其肉中带有的鱼腥味，且对鸡的生长无不良影响。鲜蒜（捣烂）添加量为 1%～2%，大蒜粉添加量为 0.2%。

⑤**水果皮和青草**　向鸡隔日投喂水果皮（如香蕉皮、西瓜皮、芭蕉皮等），直至出栏，可使鸡肉嫩、爽口，且提高香味。

或隔日投喂青饲料（如茅草、牛毛草等）可使鸡肉色佳、味道更好，野味更浓厚。

⑥**青贮饲料** 用80%的配合饲料，15%的青贮饲料，再加5%的青苔或植物秸秆类饲料，可使鸡肉香味增加。

⑦**腐叶土** 可将菜园或果园土壤表面的腐叶土挖出，在常温下将其晒干后，以鸡配合饲料70%～80%，青饲料10%～20%，腐叶土5%～10%的配方，混匀后喂鸡，或按鸡配合饲料75%，牧草饲料15%，腐叶土10%的比例混合，经充分搅拌均匀后作日粮喂鸡，可以提高鸡肉的口感和鸡蛋的风味。

⑧**一些植物或植物提取物** 如牛至、百里香、姜黄和迷迭香等，能显著提高鸡蛋的氧化稳定性，改善鸡蛋风味。添加1%牛至、1%迷迭香或0.5%～1%姜黄于蛋鸡饲粮中，能显著降低蛋黄丙二醛含量，改善鸡蛋风味。

⑨**维生素E** 维生素E主要通过防止饲粮中脂肪酸的氧化，改善鸡蛋风味。10单位/千克的维生素E即可使鸡日粮中亚麻籽最大添加量由10%提高到20%，而鸡蛋不产生异味。

4. 哪些饲料会影响鸡蛋的风味？

目前，已检测到鸡蛋中的风味物质有醇、脂肪、烃、醛、酮、芳香族、硫化物和萜类等8类物质。鸡蛋的风味在很大程度上受饲料的影响，改变饲粮组成，可致鸡蛋中风味前体物质含量及组成变化，所呈风味也有所不同。影响鸡蛋风味的饲料主要有：

（1）**菜籽饼（粕）** 菜籽饼（粕）极易诱发鱼腥味鸡蛋的产生，菜籽饼（粕）中芥子碱含量0.8%～3%，芥子碱的代谢产物三甲胺在蛋黄中沉积，含量达1微克/克以上时即可使鸡蛋产生明显的鱼腥味。通常饲粮中添加3%菜籽粕就能导致鸡蛋产生鱼腥味。双低菜籽饼（粕）不产生鱼腥味蛋的最大添加量为7%。一般采食含菜籽饼（粕）饲粮5天后，便可检测到鱼腥味鸡蛋。

（2）鱼粉　鱼粉中氧化三甲胺含量较高，约 4.9 克 / 千克，氧化三甲胺在鸡肠道微生物作用下氧化为带有鱼臭味的三甲胺，沉积于鸡蛋中引起异味。因鱼粉等级和来源等因素，引起鸡蛋异味的添加量差异较大，为 2.5%～20%。

（3）辣椒粉　饲粮中用量达到 0.4%～1% 时，蛋黄会发生轻微的苦涩。

（4）亚麻籽、大麻籽　饲粮中添加亚麻籽 1%～2%，不影响鸡蛋的感官性状，而 10%～20% 的高添加量，会产生鱼腥味或类似油漆味的异味鸡蛋。

5. 鸡常用的青饲料和草粉有哪些？

青饲料是指天然水分含量在 60% 以上的青绿饲料、树叶类及非淀粉质的块根、块茎、瓜果类。青绿饲料包括天然牧草和人工牧草。鸡能消化利用的青饲料仅限于质地细嫩的青菜、苜蓿和某些树叶。青饲料水分含量高，陆生作物水分含量 75%～90%，水生作物水分含量 95% 左右；豆科青饲料蛋白质含量 3.2%～4.4%，按干物质计算蛋白质含量可高达 18%～24%；禾本科牧草、蔬菜类饲料蛋白质含量 1.5%～3%，按干物质计算蛋白质含量可高达 13%～15%。青绿饲料蛋白质消化率高，蛋白质质量好；钙与磷比例适宜，胡萝卜和 B 族维生素含量丰富。鸡在中后期放养时，经常可以采食到放养场中的青绿饲料。

无论是放养，还是采集野生青绿饲料或是人工栽培的青绿饲料对鸡补饲，都应注意：青绿饲料要现采现喂（包括打浆），不可堆积或用剩的青草浆，以防发生亚硝酸盐中毒；放牧或采集青绿饲料时，要了解青绿饲料的特性，有毒的和刚喷过农药的果园、菜地、草地和林地要严禁采集和放牧，以防中毒；含草酸多的青绿饲料，如菠菜、甜菜叶等不可多喂，以防引起雏鸡佝偻病或瘫痪，母鸡产薄壳蛋或软壳蛋；某些含皂素多的豆科牧草不宜过多喂雏鸡，如有些苜蓿草品种皂素含量高达 2%，过多的皂素会抑制雏鸡的生长。

在放养鸡配合饲料中一般以干草粉和叶粉的形式利用青饲料。草粉含粗纤维较多，在饲料中使用不宜过多，一般在 5% 以下。苜蓿草粉是鸡饲料中常用的优质草粉，其蛋白质含量大部分在 15%～20%，氨基酸组成比较平衡，矿物质中钙和有效磷含量较高，富含维生素，特别是胡萝卜素和叶黄素含量丰富，有较好的着色效果，有助于皮肤着色。松针粉中所含的多种氨基酸、生长激素和微量元素，能提高产蛋量和具有一定的防病抗病功效。

6. 为什么说动物性饲料是放养鸡理想的蛋白质来源？

林下放养鸡以采食青草、树叶、草籽、昆虫等为主，在昆虫不多的季节，仅补饲玉米、谷子、杂粮等食物，鸡的生长发育可能缺乏蛋白质。而动物性饲料作为理想的蛋白质来源，有如下优点：

①蛋白质含量高，品质好；富含各种必需氨基酸，特别是植物性饲料缺乏的赖氨酸、蛋氨酸和色氨酸等，生物学价值很高。

②碳水化合物含量很少，粗纤维含量几乎为零，能量值很高。

③矿物质中钙、磷含量高，且比例适宜，微量元素也很丰富。

④各种维生素含量丰富，特别是维生素 A、维生素 D 和 B 族维生素。

⑤含有未知的具有特殊营养作用的生长因子，能提高鸡对营养物质的利用率，抵消矿物质的毒性，并能不同程度刺激鸡的生长和产蛋。

因此，在林下放养鸡的补料中加入少量动物性饲料，可以大大改善整个日粮的营养价值，提高生产水平。

7. 蝇蛆养殖技术要点有哪些？

（1）蝇蛆的培养　可根据条件用缸、盘、池、多层饲养台等饲养。饲养规模较大时可直接在地面用砖砌成高 0.2 米、面积

$1\sim3$ 米^2 的育蛆池，池壁用水泥抹实，池口用木框架钉窗纱作盖。生产蝇蛆，可灵活选用鸡粪、牛粪、屠宰场下脚料、酒糟、豆渣、麦麸等来源广泛、价格低廉的材料作为主要原料。原料基质要新鲜，含水量以 $60\%\sim65\%$ 为宜，每平方米育蛆池倒入蛆料 $35\sim40$ 千克，厚度 $4\sim6$ 厘米为宜，接种蝇卵 20 万～25 万粒，重 $20\sim25$ 克。蛆料厚度以发酵温度在 $20\sim40$ ℃为标准，一般为 $5\sim10$ 厘米，夏季温度偏高，蛆料要适当薄些，冬季蛆料可适当增厚些。

（2）**蝇蛆的收集**　接种蝇卵后的 $4\sim5$ 天幼虫即可发育成熟。利用蝇蛆怕光的特点，进行收集。用粪扒在育蛆池表层不断地扒动，促使蝇蛆往里钻，然后把表层粪料取走，反复多次，最后剩下少量粪料和蝇蛆，用 $8\sim16$ 目筛分离。一般每平方米日生产幼虫可达到 $0.5\sim1$ 千克。

（3）**蝇蛆喂鸡的方法**　蝇蛆收集后，用清水冲洗一下即可直接喂鸡，用量可占全部饲料的 30%。由于蝇蛆中蛋白质含量较高，其他饲料要以玉米粉、小麦麸等能量饲料为主。也可将幼虫晒干或在 $200\sim250$ ℃烘干 $15\sim20$ 分钟，并可进一步加工成粉贮存备用。

8. 黄粉虫养殖技术要点有哪些？

（1）**种虫**　养殖黄粉虫最重要的是种虫。经过细心挑选和饲养的成熟幼虫、蛹、成虫，都可以作种虫繁殖，不过最好还是用成熟幼虫作种虫为好。将成熟幼虫放入盛有麦麸的木盘中喂养，待蛹羽化成成虫。

（2）**饲料**　黄粉虫的饲料来源广泛，麦麸、农作物秸秆、青菜、秧蔓、树叶和野草等都可。通常黄粉虫主要饲喂麦麸，也可辅以糠麸等。青菜主要是白菜、萝卜、甘蓝等叶菜。为加快繁殖生长，可在饲料中添加少量葡萄糖粉、鱼粉等。

（3）**设备**　黄粉虫的饲养房要透光、通风、保暖，温度在 15～

25℃，湿度控制在60%～70%。面积大小，可视其养殖黄粉虫的规模而定。一般每20米^{2}1间房能养300～500盘。用于饲养黄粉虫的抽屉状木质饲养盘规格为50厘米×40厘米×8厘米，板厚1.5厘米。筛盘规格为45厘米×35厘米×6厘米，板厚为1.5厘米，底部为12目铁筛网，放于饲养盘中。饲养盘要放在木架上。用方木将木架连接起来固定好，防止歪斜或倾倒，然后按顺序把饲养盘排放上架。

要准备几种不同目数的铁筛网，其中12目大孔的可以筛虫卵，30目中孔的用于筛虫粪，60目的小孔筛网用于筛1～2龄幼虫。

（4）**饲养管理技术要点**　不同的虫期饲养管理方法不同。

①**成虫期**　蛹羽化成虫的过程为3～7天。成熟雌、雄成虫群集交尾都在暗处，雌虫尾部插在筛孔中产卵，这个时期不要随意搅动，发现筛盘底部附着一层卵粒时，就可以将成虫筛卵后放在盛有饲料的另一盘中，每5～7天换一次卵盘。产卵期的成虫需要及时添加麦麸和鲜菜，也可增加点鱼粉。若营养不足，成虫之间会互相咬杀。

②**卵期**　将换下的卵盘上架，可自然孵化出幼虫。孵化时不要翻动，防止损失卵粒或伤害正在孵化中的幼虫。当饲料表层出现幼虫皮时，表明一龄虫已孵化。

③**幼虫期**　孵化7～9天后，待虫体体长达0.5厘米以上时，再在木盘中添加麦麸和鲜菜。每个木盘中放幼虫1千克左右，密度不宜过大，并随着幼虫逐渐长大及时分盘。盘中饲料逐渐减少时，用筛子筛掉虫粪，再添加新饲料。1～2龄幼虫筛粪，应选用60目筛网，以防止幼虫漏掉。黄粉虫幼虫平均9天蜕1次皮，生长期要蜕皮7次。

④**蛹期**　化蛹前，幼虫爬到饲料表层静卧，在最后1次蜕皮过程中完成化蛹。化成的蛹从白黄色逐渐变成暗黄色，蛹体逐渐缩短。挑蛹时要将在2天内化的蛹放在盛有饲料的同一筛盘中，

坚持同步繁殖，集中羽化为成虫。

9. 蚯蚓养殖技术要点有哪些?

（1）**环境要求** 养殖蚯蚓的适宜温度为 15～30℃，相对湿度为 50%～80%，环境 pH 值在 6～8 的微酸性至中性时较适宜。蚯蚓要求通气良好，对光线反应敏感，适宜照度为 32～65 勒，喜无光或暗光，严禁紫外线照射。夏天要注意防高温、防日光直射，冬天防冻。

（2）**饵料搭配** 饵料既是蚯蚓的食物，又是其生活环境。蚯蚓的饲料来源广泛，如稻草、麦秸、野草、糠类、糟渣类、畜禽粪等均可作为蚯蚓的饲料来源。蚯蚓的饲料搭配至关重要。下面介绍几种配方，供参考。

①牛粪 20%，猪粪 20%，鸡粪 20%，稻草屑 40%，混配后充分发酵。

②干牛粪 60%，碎草 40%。

③沼气渣 60%，垃圾 20%，秸秆或食用菌渣 20%。

④牛粪 20%，羊粪 10%，活性泥 40%，垃圾 30%。

另外，实践中发现，在饵料中添加香蕉皮、烂苹果、烂梨等，效果非常好。

（3）**养殖方式**

①**简易养殖** 利用房前屋后空地挖坑建池，池深 0.5～0.6 米。此种方式要注意遮阴、防雨、防冻和防天敌。或就地取材，利用旧箱、筐、盆、罐、桶等容器饲养。此法简单，易于管理。

②**田间养殖** 利用果园、菜园、农田等田间空隙，挖长 3～4 米、宽 1 米、深 0.3～0.4 米的沟槽，投入腐熟的蚯蚓饲料，再放入蚓种，表层用麦秸或稻草覆盖。平时注意保持湿度。

③**工厂化养殖** 此法适于养殖生产性能较高的蚓种，如赤子爱胜蚓、红色爱胜蚓等。可利用普通房间、塑料大棚或半地下温室，进行周年生产。养殖床宽 1.5 米、深 0.4 米左右，也可用竹、

木、塑料制的箱子，大小以两个人能搬动为宜，规格为 60 厘米 ×
30 厘米 ～ 40 厘米 × 20 厘米，立体叠放，可放 4 ～ 5 层。

（4）采收　当养殖床内的蚯蚓大多数达到 400 毫克，而且密
度较大时（1.5 万 ～ 2 万条 / 米²），就应及时采收部分成蚓。室
内床养、箱养或池养的，利用蚯蚓的避光性，将饲料中聚集成团
的蚯蚓放在 5 毫米的大筛子上，筛子下面放容器，光照使之钻到
下面的容器内。田间养殖可利用蚯蚓夜间爬到地表采食活动的习
性，在夜间 3 ～ 4 时携带弱光电筒采收，也可用水灌法使蚯蚓大
量爬出以便捕捉。

（5）蚯蚓的饲喂方法　蚯蚓可以鲜喂或烘干粉碎制成蚯蚓粉
饲喂。鲜喂时为防止蚯蚓传播寄生虫，最好应先漂洗干净并煮沸
5 ～ 7 分钟，以有效杀死蚯蚓体内外寄生虫之后，切成小段再饲
喂。饲喂时以达到饲料量的 5% 较好。

10. 蝗虫养殖技术要点有哪些？

（1）基本特性　蝗虫俗称蚂蚱，主要以小麦、玉米、高粱等
作物和鲜嫩草为食。我国有 1 000 余种，其中只有少数适合人工
饲养。常见的养殖蝗虫种类有：东亚飞蝗、棉蝗、中华稻蝗、中
华蚱蜢等。这些品种各有优缺点，要综合考虑其生长周期、代
数、味道、食料、个头大小等因素，并结合当地的气候、食料来
源等情况选择养殖品种。

蝗虫为卵生，有成虫、卵和若虫 3 种形态。雄成虫体长
18 ～ 27 毫米，雌成虫体长 25 ～ 60 毫米，体绿色、黄绿色或褐
绿色；卵长约 3.5 毫米，宽 1 毫米，深黄色；若虫也称蝗蝻，有
6 个龄期。蝗虫对温度反应敏感，随着温度的升高，取食逐渐旺
盛。最佳生活环境为：温度 25 ～ 30℃，相对湿度 70% ～ 85%。
蝗虫生长期内至少需经历日平均气温 25℃以上达 30 天时，才能
完成发育和生殖。成熟蝗虫在土壤中产卵时对土壤的硬度和含水
量有一定的选择性。一般成虫喜欢在比较坚硬的土壤中产卵，产

卵最适合的土壤含水量为 10%～20%。

（2）**营养特点** 蝗虫营养丰富，具有高蛋白质、低脂肪、低胆固醇、矿物质及维生素含量与种类丰富等优点。鲜品含水分约 65.9%、蛋白质 25.5%、脂肪 2%、碳水化合物 1.4%、灰分 2.3% 及维生素 A、维生素 C、B 族维生素等。干品约含水分 20%、蛋白质 64%、脂肪 2.3% 及少量维生素 A、B 族维生素和约 3.3% 的灰分（磷、钙、铁、铜、锰等）。中华稻蝗必需氨基酸含量占氨基酸总量的 47.73，蛋氨酸含量（0.75%）与半胱氨酸含量（1.3%）之和超过了畜禽的饲养标准，完全可以利用蝗虫作为添加饲料为畜禽补充氨基酸。

在我国，蝗虫可入药，其性味辛、甘、温，具有镇咳平喘、定惊止抽、解毒、消肿镇痛、滋补强壮等功效。蝗虫除为人类食用外，还是各种畜禽的优良饲料。

（3）**饲养管理技术要点**

①**饲养设施与器具** 饲养蝗虫要选择空旷、阳光充足、平整地块作饲养场，地面最好是不易结块的沙壤土，便于产卵和取卵。一般民房或废弃厂房均可作为饲养室。饲养笼一般为 1 米×1 米×（2～3）米的长方体。每笼饲养密度 500 只左右。饲养笼上部用窗纱密封，下部地面铺设潮湿的沙土以供蝗虫产卵，前部留一个双层纱帘门，以便于饲喂和打扫。也可直接建造养殖棚，长方体框架结构或拱形、梯形蔬菜大棚式的养殖棚都可以，一般以长方体养殖棚为佳。养殖棚一般高 1.5～2 米，一侧纱网上留门。纱网质地要结实，目数要适宜，孔眼不能太大，否则会导致低龄若虫的逃逸。

②**蝗虫孵化和若虫期饲养管理** 孵化蝗虫时需要选择新鲜的卵块，放置在清洁培养皿中，卵块下面垫上湿润的滤纸，30℃恒温孵化。待蝗虫若虫即将孵化时取出培养皿，直到若虫孵化出来全身变硬带黑后再转移至饲养笼中。

若虫期温度以 25～30℃为宜，每日光照 12 小时以上。饲养笼中要放置足够的枝条，以供若虫攀跃和蜕皮之用。若虫期要及时供应优质的鲜嫩饲草，并且要随着若虫的生长，逐渐增加饲喂量，尤其是到了三龄以上要保证饲养笼里有充足的食物，防止自相残杀。

③成虫期的饲养管理 五龄以上蝗虫即将羽化，此时要多加枝条和新鲜饲料，以创造适宜的羽化场所，促进蝗虫生长成熟和交尾。性成熟后4～7天开始交尾，15～20天内开始产卵。雌蝗平均产卵4～5块，每块含60～80粒卵。产卵时最适的土壤含水量为10%～20%，土壤pH值为7.5～8。对于准备翌年孵化的越冬卵，需要及时从饲养笼地面土中收集，用含水量10%～15%的土按一层土一层卵的层次分层覆盖并密封，于5℃条件下保存。

（4）应用实例

袁世永（1997）报道，用4%蝗虫粉代替鱼粉饲喂伊莎褐商品代蛋鸡，产蛋率提高1.48%，饲料转化率提高1.48%，紫褐壳蛋提高0.62%，破损率降低100%，蛋壳坚硬光滑，色泽好。

刘志林等（2000）报道，在商品代京黄肉用型雏鸡饲料中添加1%和5%蝗虫粉，可以使鸡的日增重比对照组分别提高8.72%（$P < 0.05$）和16.14%（$P < 0.01$），效果明显。

李韬等（1995）报道，在星杂288蛋鸡饲料中添加蝗虫粉10克/日·只，可提高产蛋量18.08%，产蛋率7.99%。

11. 果园、林地中适合种植的饲草有哪些？

在果园中种牧草，首先应考虑所种牧草是否影响果树生长或有利于果树生长，其次是考虑牧草本身要比较耐阴。一般在北方果园中，鸡脚草、白三叶、毛叶苕子、百脉根、小冠花、苜蓿和草木樨是较好饲草品种；南方红壤丘陵柑橘园土壤偏酸，并多瘠薄，一般应选用耐酸、耐瘠、抗高温干旱的种类，主要有印度豇豆、白三叶、竹豆、箭筈豌豆、紫云英、豌豆、黑麦草、肥田萝卜等。除此之外，还应考虑地块的耐旱性。灌区可选用耐阴湿的白三叶种植；旱地选用比较抗旱的百脉根和扁茎黄芪。一般来说，林地都比较瘠薄，而且灌溉比较困难，并且下大雨易被冲刷，因此在这些地方种草应选择比较耐瘠薄、干旱和固着力强的品种，比如沙打旺、小冠花、草木樨、沙棘等。

12. 配制放养鸡的精料补充料应注意什么？

①饲料原料要多样化。结合本地的饲料资源，选择一些适口性好、营养价值高、容易加工和价格低廉的农副产品作为配制饲料的原料。

②在配制柴鸡各个阶段需要的饲料时，对饲料中各种营养成分要合理把握，科学配制。

③配制的饲料贮藏时间不能过长。应根据用量的多少，配制1～2周的饲料，喂完后再配。

④饲料配制时应搅拌均匀，可以采用机械搅拌与手工搅拌的方式。

⑤饲料配方要相对稳定。频繁变动饲料配方和原料会造成鸡的消化不良，影响生长和产蛋。

13. 不同季节鸡的日粮有何区别？

冬季环境温度较低，鸡需要消耗较多的能量来御寒，因此日粮中能量水平冬季应比夏季高。饲料的配合中要增加能量饲料的比例，而且要适当增加补饲量。

冬季鸡日粮配方中，根据玉米质量的高低，其比例应适当提高 2%～5%。

14. 太行鸡放养饲料配方实例有哪些？

太行鸡不同阶段全价日粮配方见表4-3。

表 4-3　太行鸡不同阶段日粮配方

周　龄	育雏期（0～6）			育成前期（7～11）			育成后期（12～18）			产蛋期（19～）	产蛋高峰期
编　号	1	2	3	1	2	3	1	2	3		
饲料名称	配合比例（%）										
玉　米	48	46.13	51.0	53.63	34.83	37.83	57.93	26.43	54.63	57	55.7
次　粉	18.30	11.0	14.33	10.0	10.0	10.0	10.0	10.0	10.0	10.7	8
麸　皮				10.0		5.0	5.0				
碎　米				20.0	20.0		30.0				
细　糠		10.0			10.0			10.0	5.0		
豆　粕	24.0	25.0	15.0	13.0	13.0	10.0	12.0	7.0	15.0	8	11.5
棉籽饼										2	
花生粕			10.0	7.0				10.0		8	8
菜籽粕					5.0	5.0					
甘薯叶粉							5.0				
苜蓿草粉								3.0			
松针粉									4.0		
玉米蛋白粉（CP50%）						5.0					
玉米胚芽粕							5.0		8.0		
进口鱼粉		4.0	6.0	3.0							
国产鱼粉	6.0				4.0	4.0	2.0			3	4
贝壳粉	1.2		0.8	1.0		0.8	0.2				
石　粉		1.3			0.8		1.4	0.2		7.2	7.7
骨　粉			1.5	1.0			1.5		1.8		
磷酸氢钙	1.2	1.2			1.0	1.0		0.8		1.2	1.2
蛋氨酸										0.1	0.1
赖氨酸										0.05	
植物油										2	3
添加剂	1.0	1.0	1.0	1.0	1.0	1.0	1.0	1.0	1.0	0.5	0.5

续表 4-3

周　龄	育雏期（0～6）			育成前期（7～11）			育成后期（12～18）			产蛋期（19～）	产蛋高峰期
编　号	1	2	3	1	2	3	1	2	3		
饲料名称	配合比例（%）										
食　盐	0.3	0.37	0.37	0.37	0.37	0.37	0.37	0.37	0.37	0.3	0.3
营养成分											
代谢能（兆焦/千克）	12.03	11.90	12.37	12.0	12.01	12.2	11.87	12.25	11.70	12.2	12.18
粗蛋白质（%）	20.28	20.21	21.07	18.05	17.04	18.01	15.09	16.23	15.09	16.1	17
蛋能比（克/兆焦）	16.9	17.0	17.0	15.0	14.1	14.8	12.7	13.2	12.9		
粗纤维（%）	3.15	3.81	3.06	3.37	3.7	3.07	3.69	4.06	3.98		
钙（%）	0.99	1.01	1.08	0.83	0.84	0.88	0.83	0.82	0.82	3	3.2
有效磷（%）	0.41	0.45	0.44	0.31	0.41	0.33	0.3	0.35	0.3	0.43	0.45
赖氨酸（%）	1.02	1.04	0.99	0.8	0.81	0.76	0.66	0.66	0.67	0.71	0.75
蛋氨酸（%）	0.32	0.32	0.33	0.27	0.30	0.33	0.23	0.24	0.22	0.36	0.38
蛋氨酸＋胱氨酸（%）	0.65	0.64	0.66	0.58	0.58	0.64	0.50	0.51	0.49	0.62	0.65
食盐（%）	0.35	0.4	0.4	0.37	0.39	0.39	0.37	0.37	0.37		

注：添加剂根据太行鸡不同的周龄及基础日粮成分而定。添加剂中含 5～15 克禽用复合多种维生素、50～70 克氯化胆碱、50 克禽用微量元素预混料、适量蛋氨酸及抗氧化剂、防霉剂等。

五、雏鸡的培育

1. 雏鸡生长有何特点？

（1）**体温调节功能不完善** 初生雏鸡的体温较成年鸡体温低2～3℃，4日龄开始慢慢地均衡上升，到10日龄时才达成年鸡体温。到3周龄左右，体温调节功能逐渐趋于完善，7～8周龄以后才具有适应外界环境温度变化的能力。

（2）**生长迅速，代谢旺盛** 2周龄雏鸡的体重约为初生时体重的2倍，6周龄为10倍，8周龄为15倍。前期生长快，以后随日龄增长而逐渐减慢。雏鸡代谢旺盛，心跳快，脉搏每分钟可达250～350次，安静时单位体重耗氧量与排出二氧化碳的数量比家畜高1倍以上，所以在饲养上要满足营养需要，管理上要注意不断供给新鲜空气。

（3）**羽毛生长快** 雏鸡的羽毛生长特别快，在3周龄时羽毛约为体重的4%，到4周龄便增加到7%，其后大体保持不变。从孵出到20周龄羽毛要脱换4次，分别在4～5周龄，7～8周龄，12～13周龄和18～20周龄。羽毛中蛋白质含量为80%～82%，为肉、蛋的4～5倍。因此，雏鸡对日粮中蛋白质（特别是含硫氨基酸）水平要求高。

（4）**胃的容积小，消化能力弱** 雏鸡消化系统发育不健全，胃的容积小，采食量有限。同时，消化道内又缺乏某些消化酶，肌胃研磨饲料能力弱，消化能力差，在饲养上要注意饲喂纤维含量低、易消化的饲料，否则产生的热量不能维持生理需要。

（5）**敏感性强**　雏鸡对饲料中各种营养物质缺乏或有毒药物的过量，会出现明显的病理状态。

（6）**抗病力差**　雏鸡由于对外界环境的适应性差，对各种疾病的抵抗力也弱，饲养和管理稍不注意，极易患病。

（7）**群居性强、胆小**　雏鸡喜欢群居，单只离群便奔叫不止。胆小，缺乏自卫能力，遇外界刺激便鸣叫不止。因此，育雏环境要安静，防止各种异常声响和噪声及新奇的颜色入内，舍内还应有防止兽害的措施。

2.怎样制定育雏计划?

根据育雏舍大小、饲养方式及鸡群的整体周转安排制定育雏计划。原则是最好做到全进全出制，这是防病和提高成活率的关键措施。

①根据市场需求及不同品种的生产性能、适应性等情况，确定饲养的品种。

②通过调查，选择非疫区、信誉好、正规的种鸡场引进雏鸡。

③根据鸡舍面积、资金状况、饲养管理水平、放养场地的面积等确定进雏数量。

④根据市场供需、放养时间等确定进雏的时间。

3.哪些人员适合育雏?

育雏是养鸡全过程中最繁杂、细微、艰苦而又技术性很强的工作。因此，要求育雏人员要吃苦耐劳、责任心强、心细、勤劳，并且必须有一定的专业技术知识和育雏经验。

育雏期间，必要的时候还需要育雏饲养员封闭在育雏舍区内2～6周不回家。因为幼雏很娇弱，对疾病的抵抗力差，早期很易感病，故成规模的鸡场多采用育雏的封栋或封场饲养，饲养员要待雏鸡转出后才能放假休息。

4. 育雏舍需要的面积如何计算？

育雏舍面积由育雏设备占地面积、走道、饲料和工具贮放及人员休息场所等构成。如用四层重叠式育雏笼饲养雏鸡，笼具占地50%左右，走道等其他占地面积为50%左右。每平方米（含其他辅助用地）可饲养雏鸡（按养到6～8周龄的容量计算）50只。

若是网上平养，每平方米容鸡量为18只左右；地面平养的容量为15只左右。

5. 怎样搞好育雏舍清扫、检修及消毒？

上批雏鸡转走后，马上清除鸡粪垫料等物。全面进行清扫和冲洗，之后要把鸡舍、供暖系统、给水系统、料槽、笼具、全面进行检修。修缮之后再次彻底清扫舍内及舍外四周，确保无粪便、无羽毛、无杂物，然后再进行冲洗。最好用高压水枪从上到下进行冲洗，冲洗干净后再进行消毒。

消毒程序如下：天棚、墙壁、地面、笼具，不怕火烧部分再用火焰喷烧消毒，然后其他部分和顶棚、墙壁、地面用无强腐蚀性的消毒药物喷洒消毒，最后用福尔马林42毫升＋高锰酸钾21克／米³密闭熏蒸消毒24小时以上。抽样检查效果不合格要重新消毒。

6. 什么是地面育雏？优、缺点是什么？

地面育雏是根据房舍的不同，用水泥地面、砖地面、土地面、火炕面育雏，地面上铺设垫料，舍内设有料槽和饮水及保暖设备。一般先在地面上铺2～3厘米厚的细沙，上面再铺7～10厘米厚的垫料。垫料可以因地制宜选刨花、稻壳、5～6厘米长的麦秸等。地面育雏的关键在于垫料的管理，垫料尽量选择吸水性良好的原料，如锯木屑、稻草、麦秸等。平时要防止饮水器漏水、洒水而造成垫料潮湿、发霉，定期更换潮湿的垫料。

保暖设备可以根据条件，采用地下烟道、电热保温伞、电热板或电热毯、红外线灯、地下暖管等。

地面育雏优点是：平时不清除粪便，仅对个别地方更换外，不清除垫料，省工省时；冬春季可以利用垫料发酵产热而提高舍温；雏鸡在垫料上活动量增加，体质健壮。缺点是：雏鸡与粪便直接接触，球虫病发病率较高，其他传染病也易流行且饲养密度较小。此种方式占地面积大、管理不方便、雏鸡易患病，所以只适于小规模，暂无条件的鸡场采用。

7. 什么是网上育雏？优、缺点是什么？

网上育雏是把雏鸡饲养在网床上。网床由网架、网底及四周的围网组成。床架可就地取材，用木、铁、竹等均可，底网和围网可用网眼大小一般不超过 1.2 厘米见方的铁丝网、特制的塑料网。网床大小可根据房屋面积及床位安排来决定，一般长 200 厘米、宽 100 厘米、高 100 厘米、底网离地面或炕面 50 厘米。每床可养雏鸡 50～80 只。加温方法可采用煤炉、热气管或地下烟道等方法。

网上育雏优点：便于管理；可节省大量垫料；鸡粪可落入网下，减少了球虫病及其他疾病传播机会。缺点：占用鸡舍的面积较大，能源消耗较多。

8. 什么是立体笼养育雏？优、缺点是什么？

立体笼养指在特制的笼中养育雏鸡。

育雏笼由笼架、笼体、料槽和承粪盘（板）组成。一般笼架长 2 米，高 1.5 米，宽 0.5 米，离地面 30 厘米，每层为 40 厘米，共分 3 层，每层 4 笼，每架 12 笼，在上下笼之间留有 10 厘米的空间，以放入承粪盘（或承粪板）。承粪盘（板）可以是固定的，用刮粪板刮粪；也可以是活动的，叮每日或隔日定期调换清粪。实际使用以活动的较好。

　　每个笼子制成长 50 厘米、宽 50 厘米、高 30 厘米的规格，笼四周用铁丝、竹或木条制成栅栏，料槽和饮水器可排列在栅栏外，雏鸡隔着栅栏将头伸出吃食、饮水。笼底可用铁丝制成不超过 1.2 厘米大小的网眼，使鸡粪掉入承粪盘。

　　采用热风炉或暖气管加热，也可用地下烟道加热或舍内煤炉加温，还可采用电热加温方法。上述加热方法中，以地下烟道加热的方法为优，主要可使上、下层鸡笼的温差缩小。

　　目前，塑料育雏笼或机械化生产的定型育雏笼产品市场上有售。例如，上海金山农牧机械厂生产的塑料育雏笼为层叠拼装式，可拆开消毒，还配备加温系统。育雏时需要注意的是栅栏间隔较大，幼雏易跑出笼外，因此育雏前需用铁丝或其他材料加密，待 2 周龄左右时再拆去。北京市通州区养鸡设备厂生产的育雏笼为组装式。每列笼子长×宽×高为 400 厘米×60 厘米×175 厘米，每组笼子长×宽×高为 100 厘米×60 厘米×175 厘米，每层笼高为 32 厘米，底层笼底离地高度为 23 厘米。料槽可调高度为 1，2，5，8，14 厘米，笼门采食间距调节范围为 1.8～4 厘米，加热器功率为 250 瓦，控温范围为 10～40℃，每平方米笼面可养雏鸡 66 只。在饲养中，要根据鸡体不断生长的情况经常做横向分群，即开始时用尽可能少的笼育雏，以后逐步分群到其他笼中。还要根据鸡龄及时调高料槽高度。另外，笼内各层均有控温仪，需将温度调至各笼相近为止，以减少上、下层笼温差过大而影响育雏效果。

　　中国农业科学院科技开发公司生产的电热育雏笼由加热、保温和活动笼 3 部分组成。这 3 部分可以组合在一起，也可以分开使用，活动笼数量可随意组装，分层控制温度，由 6 个独立结构的笼体组成 1 个单元。养鸡场也可根据本场具体情况，用角铁、钢管等焊接育雏笼架，底网选用 1.2 厘米大小的网眼塑料网或镀塑钢丝网，从生产厂购买或定做侧网，组装育雏笼。

　　立体笼养优点在于能经济利用鸡舍的单位面积，节省垫料和能源，提高劳动生产率，还可有效控制球虫病的发生和蔓延。缺点是一次性投资较大。

9. 育雏舍取暖有那几种方式？优点是什么？

（1）**地下烟道育雏**　地下烟道用砖或土坯砌成，其结构形式多样，要根据育雏舍的大小来设计。较大的育雏舍，烟道的条数要相对多些，采用长烟道；育雏舍较小，可采用"田"字形环绕烟道。通过烟道对地面和育雏舍空间进行加温，以升高育雏温度。

地下烟道育雏优点较多：①育雏舍的实际利用面积大；②没有煤炉加温时的煤烟味，舍内空气较为新鲜；③温度散发较为均匀，地面和垫料暖和，由于温度是从地面上升，雏鸡腹部受热，因此雏鸡较为舒适；④垫料干燥，空气湿度小，可避免球虫病及其他病菌繁殖，有利于雏鸡的健康；⑤一旦温度达到标准，维持温度所需要的燃料将少于其他方法，在同样的房屋和育雏条件下，地下烟道的耗煤量比煤炉育雏的耗煤量至少省 1/3。因此，烟道加温的育雏方式对中小型鸡场较为适用。值得注意的是，在设计烟道时，烟道的口径进口处应大，往出烟处应逐渐变小，由进口到出口应有一定的上升坡势，烟道出烟处切不可放在北面，要按当地的主风向设计。

为了提高热效率和育雏舍的利用率，可采用平顶天花板加笼育的方法。在管理上，天花板要留有通风出气孔，根据舍温及有害气体的浓度经常进行调节，必要时应在出气孔处安装排风扇，以便在温度过高等紧急情况下加强排气，按育雏温度标准调节舍温。

（2）**煤炉育雏**　煤炉可用铁皮制成或用烤火炉改制而成，炉上设有铁皮制成的伞形罩或平面盖，并留有出气孔，以便接上通风管道，管道接至舍外，以便排出煤气。煤炉下部有一进气孔，并用铁皮制成调节板，以便调节进气量和炉温。

煤炉育雏的优点是：经济实用，耗煤量不大，保温性能稳定。在日常使用中，由于煤炭燃烧需要一段时间，升温较慢，因此要掌握煤炉的性能，要根据舍温及时添加煤炭和调节通风量，确保温度平稳。在安装过程中，炉管由炉子到舍外要逐步向上倾斜，漏烟的地方用稀泥封住，以利于煤气排出。若安装不当，煤气往往会倒流，造成舍内煤气浓度大，甚至导致雏鸡煤气中毒。

在较大的育雏舍内使用煤炉升温育雏时，往往要考虑辅助升温设备，因为单靠煤炉升温，要达到所需的温度，需消耗较多的煤炭，但在早春很难达到理想的温度。在具体应用中，用煤炉将舍温升高到15℃以上，再考虑使用电热伞或煤气保温伞以及其他辅助加温设备，这样既节省燃料和能源成本，也能预防煤炉熄灭、温度下降而无法及时补偿的缺陷。

（3）保温伞育雏　保温伞可用铁皮、铝皮、木板或纤维板制成，也可用钢筋和耐火布料制成，热源可用电热丝或电热板，也可用石油液化气燃烧供热。伞内附有乙醚膨胀饼和微动开关或电子继电器与水银导电表组成的控温系统。在使用过程中，可按雏鸡不同日龄对温度需要来调整调节器的旋钮。保温伞的优点是：可以人工控制和调节温度，升温较快而平衡，舍内清洁，管理较为方便，节省劳力，育雏效果好。

用保温伞育雏要有相当的舍温来保证，一般来说，舍温应在15℃以上。这样，保温伞才有工作和休息的间隔，如果保温伞一直保持运转状态，会烧坏保温伞，缩短使用寿命；另外，如遇停电，在没有一定舍温情况下，温度会急剧下降，影响育雏效果。通常情况下，在中小规模的鸡场中，可采用煤炉维持舍温，采用保温伞供给雏鸡所需的温度，炉温高时，舍温也较高，保温伞可停止工作；炉温低时，舍温相对降低，保温伞自动开启。这样，在整个育雏过程中，不会因温差过高过低而影响雏鸡健康。同时，也可以获得较为理想的饲料报酬。

（4）电热板或电热毯育雏　原理是利用电热加温，雏鸡直接在电热板或电热毯上取得热量，电热板和电热毯配有电子控温系统以调节温度。

（5）红外线灯育雏　　指用红外线灯发出的热量育雏。市售的红外线灯为 250 瓦，红外线灯一般悬挂在离地面 35～40 厘米的高度，在使用中红外线灯的高度应根据具体情况来调节。雏鸡可自由选择离灯较远处或较近处活动。红外线灯育雏的优点是：温度均匀，舍内清洁。但是，一般也只作辅助加温，不能单独使用；否则，灯泡易损，耗电量也大，热效果不如保温伞好，成本也较大。一盏红外线灯使用 24 小时耗电 6 度，费用昂贵，停电时温度下降快。

（6）远红外育雏　　采用远红外板散发的热量来育雏。根据育雏舍面积大小和育雏温度的需要，选择不同规格的远红外板，安装自动控温装置进行保温育雏。使用时，一般悬挂在离地面 1 米左右的高度。也可直立地面，但四周需用隔网隔开，避免雏鸡直接接触而烫伤。每块 1 000 瓦的远红外板的保暖空间可达 10.9 米^3，其热效果和用电成本优于红外线灯，并且具有其他电热育雏设备共同的优点。

（7）地下暖管升温育雏　　其方法是在鸡舍建筑时，于育雏舍地面下埋入循环管道，管道上铺盖导热材料。管道的循环长度和管道间隔可根据需要进行设计。其热源可用暖气、地热资源或工业废热水循环散热加温。这种方法的优点是：热量散发均匀，地面和垫料干燥，几乎所有的雏鸡都有舒适的生活环境，可获得比较理想的育雏效果。如果利用工业废水循环加热，则可节省能源和育雏成本，比较适用于工矿企业的鸡场。

10. 育雏常用的工具有哪些？

干湿球温度表、断喙器、喷雾器；注射器，医用剪，紫药水，碘酊，消毒棉球等常用兽医药械。此外，桶盆、铁锹、扫帚、簸箕、手推车等工具要配齐，并专舍专用，不得外借和串舍使用。

11. 怎样选择健壮的雏鸡?

选择方法可归纳为"看、听、摸、问"4个字。

（1）看　就是观察雏鸡的精神状态。健雏活泼好动，眼亮有神，羽毛整洁光亮，腹部收缩良好。弱雏通常缩头闭眼，伏卧不动，羽毛蓬乱不洁，腹大松弛，腹部无毛且脐部愈合不好，有血迹、发红、发黑、钉脐、丝脐等。

（2）听　就是听雏鸡的叫声。健雏叫声洪亮清脆。弱雏叫声微弱，嘶哑，或鸣叫不休，有气无力。

（3）摸　就是触摸雏鸡的体温、腹部等。随机抽取不同盒里的一些雏鸡，握于掌中，若感到温暖，体态匀称，腹部柔软平坦，挣扎有力的便是健雏；如感到鸡身较凉，瘦小，轻飘，挣扎无力，腹大或脐部愈合不良的是弱雏。

（4）问　询问种蛋来源，孵化情况及马立克氏病疫苗注射情况等。来源于高产健康适龄种鸡群的种蛋，孵化过程正常，出雏多且整齐的雏鸡一般质量较好。反之，雏鸡质量较差。

初生雏的分级标准见表5-1，以供选择雏鸡参考。

表5-1　初生雏的分级标准

级　别	健　雏	弱　雏	残次雏
精神状态	活泼好动，眼亮有神	眼小细长，呆立嗜睡	不睁眼或单眼、瞎眼
体　重	符合本品种要求	过小或符合本品种要求	过小干瘪
腹　部	大小适中，平坦柔软	过大或较小，肛门污	过大或软或硬、青色
脐　部	收缩良好	收缩不良，大肚脐潮湿等	蛋黄吸收不完全、血脐、钉脐
绒　毛	长短适中，毛色光亮，符合品种标准	长或短、脆、色深或浅、粘污	火烧毛、卷毛无毛
下　肢	两肢健壮、行动稳健	站立不稳、喜卧、行走蹒跚	弯趾跛腿、站不起来
畸　形	无	无	有
脱　水	无	有	严重
活　力	挣脱有力	软绵无力似棉花状	无

12. 运输雏鸡应注意什么？

（1）选择好运雏人员   运雏人员应具备一定的专业知识和运雏经验，还要有较强的责任心。最好是饲养者亲自押运雏鸡。

（2）准备好运雏工具   运雏用的工具包括交通工具，装雏箱及防雨保温用品等。交通工具（车、船、飞机等）视路途远近，天气情况和雏鸡数量灵活选择，但不论采用何种交通工具，运输过程都要求做到稳而快。装雏用具要使用专用雏鸡箱，现多采用的是箱长 50～60 厘米，宽 40～50 厘米，高 18 厘米，箱子四周有直径 2 厘米左右的通气孔若干。箱内分 4 个小格，每个小格放 25 只雏鸡，每箱放雏 100 只。冬季和早春运雏要带棉被，毛毯用品。夏季要带遮阴防雨用品。所有运雏用具和物品都要经过严格消毒之后方可使用。

（3）适宜的运雏时间   初生雏鸡体内还有少量未被利用的蛋黄，可以作为初生阶段的营养来源，所以雏鸡在 48 小时内可以不饲喂。这是一段适宜运雏的时间。此外，还应根据季节和天气确定起运时间。夏季运雏宜在日出前或傍晚凉快时间进行，冬天和早春则宜在中午前后气温相对较高的时间起运。

（4）保温与通气的调节   运输雏鸡时保温与通气是一对矛盾。只注重保温，不注重通风换气，会使雏鸡受闷缺氧，严重的还会导致窒息死亡；只注重通气，忽视了保温，雏鸡会受风着凉患感冒，诱发雏鸡腹泻，影响成活率。因此，要注意：①装车时要将雏鸡箱错开摆放。箱周围要留有通风空隙，重叠高度不要过高。气温低时要加盖保温用品，但注意不要盖得太严。②装车后要立即起运，运输过程中应尽量避免长时间停车。运输人员要经常检查雏鸡的情况，通常每隔 1～2 小时观察 1 次。③如见雏鸡张嘴抬头，绒毛潮湿，说明温度太高，要掀盖通风，降低温度。如见雏鸡挤在一起，吱吱鸣叫，说明温度偏低，要加盖保温。④当因温度低或是车子震动而使雏鸡出现扎堆挤压的时候，还需要将上、下层雏鸡箱互相调换位置，以防中间、下层雏鸡受闷而死。

（5）进舍后雏鸡的合理放置　先将雏鸡数盒一摞放在地上，最下层要垫一个空盒或是其他东西，静置30分钟左右，让雏鸡从运输的应激状态中缓解过来，同时适应一下鸡舍的温度环境。然后再分群装笼。

13. 什么叫雏鸡的初饮？怎样安排？

雏鸡第一次饮水称为初饮。

（1）初饮的时间　初饮一般越早越好，近距离一般在毛干后3小时即可接到育雏舍给予饮水，远距离也应尽量在48小时内饮上水。因雏鸡出壳后体内的水分大量消耗，出雏24小时后体内的水分消耗约8%，48小时后消耗约15%。所以，雏鸡进入鸡舍后应及时先给饮水再开食。这样，有利于促进肠道蠕动，吸收残留卵黄排除粪便，增进食欲和饲料的消化吸收。初饮后无论如何都不能断水，在第一周内应给雏鸡饮用降至舍温的开水，1周后可直接饮用自来水。

（2）饮水的调教　让雏鸡尽快学会喝水是必需的。调教的方法是：轻握雏鸡，手心对着鸡背部，拇指和中指轻轻扣住颈部，食指轻按头部，将其喙部按入水盘，注意别让水没及鼻孔，然后迅速让鸡头抬起，雏鸡就会吞咽进入嘴内的水。如此做3～4次，雏鸡就知道自己喝水了。一个笼内有几只雏鸡喝水后，其余的就会跟着迅速学会喝水。引导早饮水的方法最好是结合雏鸡进舍放入笼中时，把雏鸡的嘴放在水中蘸一下，雏鸡就能很快学会饮水。

（3）饮水的温度　供雏鸡饮用的水应是28～32℃的温开水。切莫用低温凉水，因为低温水会诱发雏鸡腹泻。

（4）饮水器的摆放　100只雏鸡应有2～3个饮水器。饮水器要放在光线明亮之处，要和料盘交错安放。饮水器每天要刷洗

2～3次，消毒1次。水槽每日要擦洗1次，每周至少要消毒2次。

（5）初饮注意事项　①仅仅提供充足的饮水还不够，必须让每只雏鸡迅速饮到水，所以在初饮后要仔细观察鸡群，若发现有些鸡没有靠上饮水器，就要增加饮水器的数量，并适当增大光照强度。②初饮时的饮水，需要添加糖分，抗菌药物，多种维生素。可在水中加5%的葡萄糖，加糖能起到速效性的补充能源作用，以利体力恢复，消除应激反应，并使开食顺利进行。同时，投给吸收利用良好的水溶性维生素，还能增强其抗病力。饮水加糖、抗菌药物能提高雏鸡成活率和促进生长，但要注意不影响饮水的适口性为好。

14. 什么叫雏鸡的开食？应注意什么？

第一次给初生雏鸡投喂料，即雏鸡的第一次吃食称为"开食"。

（1）开食的时间　在雏鸡初饮之后2小时左右即可第一次投料饲喂。"开食"不宜过早，因为此时雏鸡体内还有部分卵黄尚未被吸收，饲喂太早不利于卵黄的完全吸收。有人试验，雏鸡毛干后24小时开食的死亡率最低，但开食也不能太晚，超过48小时开食，则明显消耗雏鸡体力，影响雏鸡的增重。

（2）开食的饲料形态　开食用的饲料要新鲜，颗粒大小适中，最好用破碎的颗粒料，易于啄食且营养丰富易消化。如果用全价粉料最好湿拌料。为防止饲料黏嘴和因蛋白质过高使尿酸盐存积而造成糊肛，可在饲料的上面撒一层碎粒或小米（用温开水浸泡过更好）。

（3）开食的方法　①用浅平料盘，塑料布或报纸放在光线明亮的地方，将料反复抛撒几次，雏鸡见到抛撒过来的饲料便会好奇地去啄食。只要有很少的几只初生雏啄食饲料，其余的雏鸡很快就跟着采食了。②头3天喂料次数要多些，一般为6～8次，以后逐渐减少，第六周时每日喂4次即可。③料槽分布应均匀，与水槽间隔放开，平面育雏开头几天放到离热源近些，这样便于雏鸡取暖采食和饮水。④料、水盘数量根据鸡数而定。笼养除笼内放料盘和料外，1 周后笼外的料槽中也要定时加料，便于雏鸡及早到笼外料槽中正规采食，每 2 小时匀一次料，以防止饲料不均。

（4）**喂料次数** 育雏的头 3 天采用每日 24 小时或 23 小时光照时，此时每日喂料次数不应低于 6 次。当光照时数减少到每日 12～10 小时时，喂料次数可降至 4 次。

（5）**喂料量** 每次喂料量是将计划每天喂料量除以喂料次数确定。在每次喂料间隔中要匀料，并根据采食情况调整给料量，尽量做到每次喂料时盘内或槽内饲料基本上采食干净。这样，可以减少饲料的浪费。

（6）**注意事项** 用湿拌料喂雏鸡时，每日最后 1 次喂料要用干粉料，特别是夏季，以免残存料过夜而引起饲料发酸变质，引起雏鸡腹泻；用料盘喂料时，在下班最后 1 次喂料前要把料盘里剩余的饲料（往往带有较多的粪便）清除干净。

15. 育雏舍的温度怎样控制？

适宜的温度是保证雏鸡成活的首要条件，必须认真做好。温度包括雏鸡舍的温度和育雏器内的温度。

刚出壳的鸡，体温调节功能还不健全，体温比成年鸡低 3℃左右，到 4 日龄时才开始升高，10 日龄时才达到成年鸡的体温。雏鸡的绒毛短，御寒能力差，采食量少，所产生的热量也少，不能维持生活的需要，所以育雏期间，必须通过供温来达到雏鸡所需的适宜温度。

（1）**供温的原则** 初期要高，后期要低；小群要高，大群要低；弱雏要高，强雏要低；夜间要高，白天要低，以上高低温度之差为 2℃。同时，雏鸡舍的温度比育雏器内的温度低 5～8℃，育雏器内的温度是靠近热源处的温度高，远离热源的温度低，这样有利于雏鸡选择适宜的地方，也有利于空气的流动。育雏期的适宜温度及高低极限值见表 5-2。

表5-2　育雏期的适宜温度及高低极限值　（℃）

周　龄	0	1	2	3	4	5	6
适宜温度	35～33	33～30	30～29	28～27	26～24	23～21	20～18
极限　高温	38.5	37	34.5	33	31	30	29.5
极限　低温	27.5	21	17	14.5	12	10	8.5

（2）通过观察鸡群调节温度　如果温度适宜则雏鸡活泼，食欲良好，饮水适度，羽毛光滑整齐，睡眠安静，睡姿伸头缩腿，均匀地分布在热源的周围；若温度过高则雏鸡远离热源，嘴和翅膀张开，张嘴喘息，呼吸加快，频频喝水；若温度过低则雏鸡靠拢在热源的附近，或挤成一团，羽毛竖起，行动迟缓，缩颈拱背，闭眼尖叫，睡眠不安；有贼风时，在避开贼风处挤成一团。

（3）育雏的供温方法　有伞育法、温室法（锅炉暖气供温）、火炕法、红外线和远红外线法等。不同地区可以根据实际条件选择适当的方法。育雏器的温度计应挂在育雏器的边缘，舍温温度计挂在远离育雏器的墙上，距地面1米处。

16. 育雏舍的湿度怎样控制?

育雏舍的相对湿度应保持在60%～70%为宜。湿度的要求虽然不像温度那么严格，但在特殊条件下也可能对雏鸡造成很大危害。如果出雏的时间太长，雏鸡不能及时喝上水，加之育雏舍内的湿度又不够，这种情况下雏鸡很容易脱水死亡。脱水症状为绒毛脱落，频频饮水，消化不良。但最好不要超过75%，否则会出现高温高湿情况，超过75%时，夏季会高温高湿，冬季低温高湿，都会造成雏鸡死亡增加。一般育雏前期湿度高一些，后期要低，达到50%～60%即可。

17. 育雏舍的通风怎样控制？

由于雏鸡的新陈代谢旺盛，所以呼出的二氧化碳量大，而且鸡的粪便中有 20%～25% 不能利用的物质，这些物质在一定条件下就开始分解，产生大量的有害气体，其中包括氨气、硫化氢和二氧化碳等，从而使得舍内的空气质量下降，影响雏鸡的正常发育。用煤炉供暖时还应注意一氧化碳中毒，粉尘过高携带病菌时，易传播疾病并损害皮肤、眼结膜、呼吸道黏膜、危害雏鸡的健康和生长。要做到舍内空气新鲜，就必须注意通风换气。

（1）舍内环境要求　按畜禽卫生要求，育雏舍的二氧化碳含量要在 0.2% 以下，超过 0.5% 就会危害雏鸡；氨的含量要在 20 克/米^3 以下，否则氨会刺激雏鸡的眼结膜和呼吸道，使雏鸡易患病。一氧化碳浓度不得高于 24 毫克/升，硫化氢等其他有害气体浓度控制在 20～60 毫克/升以下。实践中多以人在正常时的感觉为标准，如果人能闻到臭鸡蛋味（硫化氢）时或感觉鼻和眼有不适，刺眼或眼睛流泪（氨气）时，则说明舍内的有害气体的浓度已超标，应立即打开风机通风。

（2）环境控制　首先必须保持合理的饲养密度，舍内的湿度适中，舍内的垫纸或垫草要保持清洁，若是封闭或半封闭饲养，舍内必须安装通风设备。

（3）通风换气的原则和方法　通风换气的总原则是，按不同季节要求的风速调节；按不同品系要求的通风量组织通风；舍内没有死角。通风有自然通风和机械通风。自然通风是指通过门和窗自然交换空气。机械通风是通过设备使空气产生流动，从而达到空气交换的目的。饲养人员根据舍内温湿度、空气质量状况调节通风窗大小或开启风扇，清粪时可延长风机工作时间。生产中应灵活应用，通风量参考表 5-3。

表 5-3　密闭鸡舍不同日龄鸡的换气量　（1 000 只 / 小时）

日　龄	体　重	换气量（米³）	
		最　大	最　小
0～20	230	1 800	456
21～30	305	2 400	600
31～50	600	4 680	1 200
51～70	810	6 300	1 620

18. 育雏舍的光照怎样控制？

　　科学正确的实行光照，能促进雏鸡的骨骼发育，适时达到性成熟。对于初生雏，光照主要是影响其对食物的采食和休息。初生雏的视力弱，光照强度要大一些，一般以 20～30 勒的光照强度为宜。幼雏的消化道容积较小，食物在其中停留的时间短（3个小时左右），需要多次采食才能满足其营养需要，所以要有较长的光照时间，来保证幼雏足够的采食量。通常 0～2 日龄每天要保持 24 小时的光照时数，3 日龄以后，逐日减少光照时数。

　　育雏光照原则：光照时间只能减少，不能增加，以免性成熟过早，影响以后生产性能的发挥；人工补充光照不能时长时短，以免造成刺激紊乱，失去光照的作用；黑暗时间避免漏光。

19. 育雏舍的密度怎样控制？

　　每平方米容纳的鸡数为饲养密度（表 5-4）。密度小，不利于保温，而且也不经济。密度过大，鸡群拥挤，容易引起啄癖，采食不均匀，造成鸡群发育不齐，均匀度差等问题的发生。

表 5-4　不同饲养方式饲养密度　（只 / 米²）

周　龄	笼养	地面饲养
1～2	60～75	25～30
3～4	40～50	25～30
5～6	27～38	12～20

20. 林下养鸡，雏鸡是否断喙？与笼养鸡有无区别？

断喙是防止各种啄癖的发生和减少饲料浪费的有效措施之一。在育雏过程中，由于光照过强、密度较大、饲料营养不全或通风不良等都可以造成啄癖。啄癖包括啄羽、啄肛、啄翅、啄趾等，轻者致伤残，重者可死亡。鸡采食时总是喜欢用喙啄食饲料，喙将不喜欢吃的东西剔除一旁，啄食喜爱的食物。在采食粉状饲料时更是这样，导致一部分饲料被弄撒到地上，造成饲料的浪费。

林下养鸡应该断喙，这样可以防止育雏期间啄癖的发生、减少饲料浪费的同时，保证到鸡放养时，喙能完全恢复，鸡能正常啄食，以及销售时不影响其售价。因此，断喙的方法与笼养鸡不同。

（1）**断喙的时间**　林下养鸡的雏鸡断喙一般在9～12日龄进行。此时对鸡的应激小，可节省人力，还可以预防早期啄癖的发生。

（2）**断喙的方法**　用150～200瓦电烙铁。右手握住电烙铁，左手握鸡，左手的拇指放在鸡头顶上，食指放在咽下，略施压力，使鸡缩舌，通过高温将上喙距喙尖2毫米处烙断或使喙尖颜色发黑或焦黄。

（3）**断喙时的注意事项**　①断喙时鸡群应健康无病。②断喙前1～2天及断喙后1～2天应在饲料中添加维生素K2～4毫克/千克，有利于切口血液凝固，防止术后出血。饲料中料添加维生素C 150毫克/千克，可以起到良好的抗应激作用。③组织好人力，保证断喙工作能在最短时间内进行完毕。断喙的速度以每分钟15只左右为宜。④断喙后3天内料槽与水槽要加得满些，以利于雏鸡采食，并避免采食时创口碰撞槽底而致切口流血。⑤雏鸡免疫接种前后2天或鸡群健康状况不良时暂不进行断喙。

21. 育雏的日常管理应注意什么？

（1）**环境控制**　保持合适的温度、湿度，一天之内要查看温湿度计5～8次并记录。保持良好通风，舍内空气新鲜。合理光照，防止忽长忽短，忽亮忽暗。适时调整和疏散鸡群，防止密度过大。

（2）供水　每日供给充足清洁的饮水。

（3）给料　每日给料的时间固定，使鸡群形成自我的条件反射，从而增加采食量。给料的原则是少喂勤添。在换料时，要注意逐渐进行，不要突然全换，以免产生不适。

（4）清粪　笼育和网上育雏时，每2～3天清1次粪，以保持育雏舍清洁卫生。厚垫料育雏时，及时清除沾污粪便的垫料，更换新垫料。

（5）卫生消毒　搞好环境卫生及环境和用具的消毒，定期用百毒杀、威岛等带鸡消毒。

（6）调教　喂鸡时给固定信号，如吹哨、敲盆等（声音一定要轻，以防炸群），久而久之鸡就建立起条件反射，每当鸡听到信号就会过来，为以后放养做准备。

（7）整群　随时调出和淘汰有严重缺陷的鸡，注意护理弱雏，提高育雏质量。

（8）观察鸡群　每隔1～2小时观察1次鸡群，若鸡群挤在一堆则可轻轻拍打育雏器，使雏鸡分散，以免压死雏鸡。通过喂料的机会观察雏鸡对给料的反应、采食的速度、争抢程度，采食量等。以了解雏鸡的健康情况；每日观察粪便的形状和颜色，以判断饲料的质量和发病的情况；留心观察雏鸡的羽毛状况、眼神、对声音的反应等，通过多方面判断来确定采取何种措施。

（9）疾病预防　严格执行免疫接种程序，预防传染病的发生。每日早上要通过观察粪便了解雏鸡健康状况，主要看粪便的稀稠、形状及颜色等。2～7日龄，为防止肠道细菌性感染应进行预防投药。20日龄后，要预防球虫病的发生，尤其是地面散养的鸡群，应投喂抗球虫药物。

（10）记录　认真做好各项记录。每日检查记录的项目有：

健康状况、光照、雏鸡分布情况、粪便情况、温度、湿度、死亡、通风、饲料变化、采食量、饮水情况及投药等。

22. 怎样提高育雏成活率和发育整齐度?

①确保合适的育雏温度和湿度。

②搞好通风换气,舍内空气清新。

③保证合适的饲养密度。合理的饲养密度,是保证鸡群健康、生长发育良好的重要条件,因为密度与育雏舍内的空气、湿度、卫生及恶癖的发生都有直接关系,雏鸡饲养密度大时,育雏舍内空气污浊,氨味大;湿度高,卫生环境差,吃食拥挤;抢水抢料,饥饱不均,残次雏鸡增多,恶癖严重,容易发病。

④合理的光照,避免不同位置光照过强或太暗。

⑤供给营养全面的饲料。

⑥搞好免疫接种,及时治疗病鸡。

⑦弱小病鸡单独饲养,育雏笼上、下层鸡适时调换。

六、鸡的林下饲养技术

1. 林地放养条件下鸡的活动规律如何?

放养与笼养差异很大,环境改变了,鸡的活动规律和活动方式将发生一定变化。一般来说,地方鸡种的活动量远远大于现代培育鸡种。为了摸清放养条件下鸡的活动规律,我们选择条件相近的地块 5 个,分别饲养产蛋期的太行鸡,其密度分别为每亩(即 1/15 公顷)20、30、40、50、80 只。采取试验观察和生产调查相结合,观察在不同饲养密度条件下的活动规律。

以鸡舍为圆心,分别以 50、100、150 米为半径画圆(设置明显标志),观察不同鸡群在不同区域内活动的数量及所占比例;在不同方向或坡度的活动规律;不同时间段的活动规律。活动半径采取直接观察法和粪便及活动痕迹(如爪印、扒痕、采食植物等)追踪法。

通过 3 个月的观察和记录,得出如下规律:

(1)一般活动半径 指 80% 以上鸡的活动半径。研究观察发现,不同饲养密度条件下,鸡的活动半径不同。随着饲养密度的增加,鸡的活动半径逐渐增加,但 80% 以上的鸡活动半径在 100 米以内。

(2)最大活动半径 指群体中少数生命力较强的鸡超出一般活动范围,达到离鸡舍最远的活动距离。随着饲养密度的增加,最大活动半径增加。低密度条件下,最大活动半径在 500 米以内。但高密度饲养,最大半径可达到 1000 米(表 6-1)。

表 6-1　放养蛋鸡鸡群活动规律统计表　（米、只 / 亩·%）

密　度 半　径	50	100	150	最大半径
20	75.25	92.00	99.00	300～450
30	73.50	90.50	98.00	400～500
40	70.25	85.00	97.25	500～700
50	68.50	82.00	95.25	700～800
80	65.50	79.25	92.00	800～1 000

（3）活动半径的个体差异、群体差异和品种差异　活动半径有明显的个体差异。约5%的个体远远超出一般活动半径的范围，最大活动半径是它们创造的。这样的鸡体质健壮、抗病力强，活动范围广，产蛋性能高。而这种特性应该属于遗传因素造成的；观察发现，活动半径有群体差异。其一般规律有二：一是如果群体活动半径较大的个体数量较多，其对同群其他鸡有一定的影响和带动作用；在一个多群体的场地，离饲养员活动场地最近的群体的活动半径最小，离饲养人员较远的群体活动半径增加。这与饲养人员的频繁活动使鸡产生等靠要的依赖性有关；生产调查发现，活动半径具有品种差异。一般地方品种鸡的活动半径大于现代配套系鸡，其一般活动半径相差 10% 左右，最大活动半径相差 30% 左右。地方鸡种较大的活动半径是长期自然选择和人工选择的结果。

（4）活动半径的其他相关因素　通过定点观察和生产调查发现，鸡的一般活动半径和最大活动半径与林地植被和地势有关。较好较多的植被，鸡的活动半径较小，而可食牧草较少，植被覆盖率较低时，鸡的活动半径增大；在平坦的地块，鸡的活动半径最大；而高低不平的地块，无论下行还是往上爬行，鸡的活动半径均缩小；活动半径还与鸡舍门口位置、朝向、补饲和管理有关。一般往鸡舍门口方向前行的半径大，背离门口方向的半径小；大量补充饲料会使鸡产生依赖性，其活动半径缩小；经过调教后，一般活动半径增大，对最大活动半径没有明显影响。

（5）放养鸡一天中的活动规律　早出晚归是放养条件下鸡的一般生活习性。鸡的外出和归牧与太阳活动有密切关系。一般在日出前0.5～1小时离开鸡舍，日落后0.5～1小时归舍。一般季节，其采食的主动性以日落前后的食欲最强，早晨次之，中午多有休息的习惯。但冬季的中午活动比较活跃。

（6）林下养鸡产蛋的时间分布　80%左右集中在中午以前，以上午9～11时为产蛋高峰期。但其产蛋时间持续到全天，不如笼养鸡集中。这可能与放养条件下其营养获取不足有关。

2. 放养前应做哪些准备工作？

雏鸡从育雏舍突然转移到林下养，环境发生了很大变化。雏鸡能否适应这种变化，在很大程度上取决于放养前的适应性锻炼。包括饲料和胃肠的锻炼、温度的锻炼、活动量的锻炼、管理和防疫等。为了使雏鸡尽快适应林下放养环境，应做好如下前期准备工作：

（1）饲料和胃肠的锻炼　育雏期根据舍外气温和青草生长情况而定，一般为4～8周。为了适应放养期大量采食青饲料的饲料类型特点，以及采食一定的虫体饲料，应在育雏期进行饲料和胃肠的适应性锻炼。即在放牧前1～3周，有意识地在育雏料中添加一定的青草和青菜，有条件时还可加入一定的动物性饲料，特别是虫体饲料（如蝇蛆、蚯蚓、黄粉虫等），使之胃肠得到应有的锻炼。对于青绿饲料的添加量，要由少到多逐渐添加，防止一次性增加过多而造成消化不良性腹泻。在放牧前，青饲料的添加量应占到雏鸡饲喂量的50%以上。

（2）温度的锻炼　放牧对于雏鸡而言，环境发生了很大的变化。特别是由舍内转移到舍外，由温度相对稳定的育雏舍转移到气温多变的野外。放养最初2周是否适应放养环境的温度条件，在很大程度都上取决于放牧前温度的适应性锻炼。在育雏后期，应逐渐降低育雏舍的温度，使其逐渐适应舍外气候条件，适当进行较低温度和小范围变温的锻炼。这样，对于提高放养初期的成活率作用很大。

（3）活动量的锻炼　育雏期雏鸡的活动量很小，仅仅在育雏舍内有限的地面上活动。而放入林下后，活动范围突然扩大，活动量成数倍增加，很容易造成短期内的不适应而出现因活动量过大造成的疲劳和诱发疾病。因此，在育雏后期，应逐渐扩大雏鸡的运动量和活动范围，增强其体质，以适应放养环境。

（4）管理　在育雏后期，饲养管理为了适应野外生活的条件，逐渐由精细管理过渡到粗放管理。所谓粗放管理，并不是不管，或越粗越好，而是在饲喂次数、饮水方式、管理形式等方面接近放养下的管理模式。特别是注意调教，使之形成条件反射。

（5）抗应激　放养前和放养的最初几天，由于转群、脱温、环境变化等影响，出现一定的应激，免疫力下降。为避免放养后出现应激性疾病，可在补饲料或饮水中加入适量维生素 C 或复合维生素，以预防应激。

（6）防疫　应根据鸡的防疫程序，特别是免疫程序，有条不紊地搞好防疫。为放养期提供良好的健康保证。有关防疫的事项参看疾病防治部分。

3. 什么季节适合林下养鸡？

放养季节取决于环境气候和林下的植被状况。北方和南方有较大的不同。基本原则：气候稳定，气温适中，雨量较小，有可食资源。

对于华北地区来说，早春寒冷，3 月份之前气温不稳定。根据多年的经验，如果是早春雏鸡，以 4 月中旬以后开始放牧为宜。此时气温趋于稳定，林下已经有草生长。而对于华北以北地区，往后推迟 15 天至 1 个月。而华中地区，可提前 1 个月左右。

对于华南和西南较温暖的地区，全年均可放养。主要防止当地的雨季对初期放养鸡造成的不利影响。

4. 林下养鸡为什么要调教？如何调教？

调教是林下养鸡饲养管理工作不可缺少的技术环节。因为规模化养殖，野外大面积放养，必须有统一的管理程序，如饲料、饮水、宿窝等，应使群体在规定的时间内集体行动。特别是遇到不良天气和野生动物侵袭时，如刮风、下雨、冰雹、老鹰或黄鼬侵害等，应在统一指挥下进行规避。同时，也可避免相邻鸡场间的混群现象。

调教是指在特定环境下给予特殊信号或指令，使之逐渐形成条件反射或产生习惯性行为。尽管鸡具有顽固性，但其也具有可塑性。因此，对其实行调教应该从小进行。青年鸡调教包括喂食饮水的调节、远牧的调教、归巢的调教、上栖架的调教和紧急避险的调教等。

（1）喂食和饮水的调教　放养鸡每日的补料量是有限的，因此保证每只鸡都获得应获数量的饲料，应在补充饲料时同一个时间段共同采食。在野外饮水条件有限时，为了保证饮水的卫生，尽量减少开放式饮水器暴露在外的时间，需要定时饮水，也需要统一同时进行。

喂食和饮水的调教应在育雏时开始，在放养时强化，并形成条件反射。一般以一种特殊的声音作为信号，这种声音应该柔和而响亮，不可使用爆破声和模仿野兽的叫声，持续时间可长可短。生产中多用吹口哨和敲击金属物品。

以喂食为例，调教前应使其有一定的饥饿时间；然后，一边给予信号（如吹口哨），一边喂料，喂料的动作尽量使鸡看得到，以便听觉和视觉双重感应，加速条件反射的形成。每日反复如此动作，一般3天以后即可建立条件反射。

（2）大面积林下的调教　很多鸡的活动范围很窄，远处尽管

有丰富的饲草资源，它宁可饥饿，也不远行一步。为使林下的牧草得到有效利用，应对这样的鸡进行调教。一般由两人操作，一人在前面引导，即一边慢步前行，一边按照一定的节奏给予一定的语言口令，如不停地叫：走～～～，一边撒扬少量的食物（作为诱饵），而后面一人手拿一定的驱赶工具，一边发出驱赶的语言口令，一边缓慢舞动驱赶工具前行，直至到达牧草丰富的区域。这样连续几日后，这群鸡即可逐渐习惯往远处采食。

（3）归巢的调教　鸡具有晨出暮归性。每日日出前便离巢采食，出走越早、越远的鸡，采食越多，生长越快，抗病力越强。而日落前多数鸡从远处向鸡舍集中。但是个别鸡不能按时归巢，有的是由于外出过远，有的是由于迷失了方向，也有的个别鸡在外面找到了适于自己夜宿的场所。当然，少数鸡可能被别人捕捉。如果这样的鸡不及时返回，以后不归的鸡可能越来越多，遭遇不测而造成损失。因此，应于傍晚前，在放牧的林下远处查看，是否有仍在采食的鸡，并用信号引导其往鸡舍方向返回。如果发现个别鸡在舍外的远处夜宿，应将其抓回鸡舍圈起来，将其营造的窝破坏。第二天早晨晚些时间将其放出采食。翌日傍晚，再检查其是否在外宿窝。如此几次后，便可按时归巢。

（4）上栖架的调教　鸡具有栖居性，善于高处过夜。但在林下放养条件下，有时由于鸡舍面积小，比较拥挤，有些鸡抢不到有利位置而不在栖架上过夜。林下的鸡舍简易，地面比较潮湿，加之粪便的堆积，长期卧地容易诱发疾病。因此，在开始转群时，每日晚上打开手电筒，查看是否有卧地的鸡，应及时将其抓到栖架上。经过几次调教之后，形成固定的位次关系，也就按时按次序上栖架。

5. 林下养鸡为什么要分群？分群应注意什么？

有的林下规模化养鸡每批数量比较大。如何管理才能提高成活率、提高生长速度和饲料效率，既充分利用自然资源，又最大限度地提高劳动效率，是值得重视的问题。分群管理是最重要的一个环节。

分群是根据每个林下具体放牧条件和鸡的具体情况，将不同品种、不同性别、不同年龄和不同体重的小鸡分开饲养，以便于因鸡制宜，有针对性地管理。

（1）分群的基本原则　分群首先要考虑群体的大小。确定群体大小的依据是品种、月龄、性别和放牧地可食植被状况。一般而言，本地土鸡，活泼爱动，体质健康，适应性强，活动面积大，群体可适当大些；雏鸡阶段采食量小，饲养密度和群体适当大些。而大鸡的采食量较大，在有限的活动场地放养的数量适当小些；植被状况良好，群体适当大些。植被较差，饲养密度和群体都不应过大，否则容易产生过牧现象；公、母鸡混养，公鸡的活动量大，生长速度快，可提前作为肉鸡出栏，群体可适当大些。若饲养鉴别母雏，一直饲养到整个生产周期结束，则群体不宜过大。

（2）分群的具体操作　放养鸡的分群应与育雏鸡分群相一致，即育雏舍内每个小区内的雏鸡最好分在一个鸡舍内。分群是从育雏舍到田间的转群时进行。最好在夜间进行。根据林下每个简易鸡舍容纳鸡的数量，一次性放进足量小鸡。如果林下简易鸡舍的面积较大，安排的鸡数量较多，应将鸡舍分割成若干单元，每个单元容纳鸡数最好小于 500 只。

（3）分群注意的问题

①切忌大小混养　不同日龄、不同体重和不同生理阶段的鸡，其营养需要、饲料类型、管理方式和疾病发生的种类和特点都不一样。如果将它们混养在一起，无法有针对性地饲养和管理。例如，产蛋鸡和大雏鸡混养，饲料无法配制和提供。如果按照产蛋鸡补料，其含钙磷过高，大雏鸡采食过多会造成疾病。否则，按照大雏鸡的营养需要补料，产蛋鸡明显钙、磷不足而严重影响产蛋率和鸡蛋品质；特别是疾病预防，难以按照防疫程序执行，相互传染，导致疾病不断而无法控制。

②**切忌群体过大**　群体大小划分的依据是：植被状况、鸡的日龄和活动范围、鸡舍之间的距离和鸡舍的大小。根据笔者对太行鸡（河北柴鸡）的研究发现，一般平原地区的草场、农田和果园等，以鸡舍为圆心，70% 以上的鸡在半径 50 米以内活动，90% 以上在半径 100 米以内活动。因此，群体大小应以 50～100 米为半径的圆面积为一个活动单元，根据林下草的载鸡量，确定单位面积所承载的鸡数量。据我们研究，一般林下草地每公顷容纳鸡的数量 300～450 只，好的草场可达到 600～750 只，最高不宜超过 1200 只。以这样计算，一个饲养单元的面积应控制在 0.7～3.1 公顷；这样，一般群体应控制在 300～500 只。

生产中发现有的林下养鸡群过大，效果不良。一是群体大，在较小的放牧面积内饲养过多的鸡，容易造成草地的过牧现象而使草地退化；二是由于过牧，草生长受到严重影响，鸡在林下获得的营养较少，主要依靠人工饲喂。因此，更多的鸡在鸡舍附近活动，形成了采食依赖性，不仅增加了饲养成本，而且鸡的生长发育和产品品质都受到影响；三是在较小的范围内有较多的鸡活动，即密度过大，疾病的发生率较高；四是密度大，营养供应不足或营养单调，容易发生恶癖，如啄肛、啄羽和打斗等。

6. 放养鸡对周边环境有什么要求？

所谓周边环境，主要指林下放养区与周边有无相互影响的其他因素。例如，放养场地周边的建筑物、居民点、交通、厂矿、饲养场等。

放养的周边环境如何对于养鸡成败关系重大。因为鸡是对环境非常敏感的动物，同时又是规模化养殖，一旦出现问题，损失将是很大的。

由于鸡胆小怕惊，放养区周围环境应保持幽静，远离噪声源（如石子加工厂、交通要道旁、飞机场等）。

由于鸡属于规模放养，防疫压力巨大。林下放养区域要远离污染源（如屠宰场、化工厂、畜禽交易市场和大型养殖场）。由于近年来禽流感的流行和蔓延，为了防止候鸟对该病毒的传播，放养区要尽量避开候鸟的迁徙带。

放养区应该是非疫区。规模化生态放养鸡，防疫是成功的关键之一。对于家禽的重大疫病，要重点防范。因此，鸡场和放养场地应避免选建在有重大疫情的区域。尤其是一些曾经发生重大病毒性疾病和寄生虫病的区域，在短期内很难净化，要格外谨慎。

7. 林下放养区与周边相关区域的距离应如何掌握？

作为体型较小而生命比较脆弱的鸡，容易感染一些疾病，也就是说，容易受到周边环境的影响。同时，鸡的某些疾病的病原微生物对周围环境，尤其是其他生物也会产生不良影响。其排泄物也会对周围环境（空气、土壤、表面水源和地下水）造成一定污染。因此，保持与周边相关区域的关系，尤其是保持一定距离，是控制相互影响和感染疾病的重要举措。

规模化放养鸡，要注意以下几个方面：一是距离铁路、交通要道1000米以上；二是距离城镇和居民区、学校、医院等公共场所1000米以上；三是距离其他畜禽养殖场或者养殖小区1000米以上；四是距离畜禽屠宰场、畜禽产品加工厂、畜禽交易市场、垃圾及污水处理场所等区域2000米以上。

8. 什么是禁养区、限养区和适养区？

近年来，国家加强了对环境保护的执法力度，根据《畜禽规模养殖污染防治条例》，全国各级人民政府，根据本地具体情况，为了防止养殖污染，将畜禽养殖划分为3个区域，即禁养区，限养区和适养区。

所谓禁养区，是指禁止建设养殖场和养殖小区的区域，即禁止建设达到各省级人民政府设定养殖规模以上养殖场的区域。这些区域包括：一是饮用水水源保护区，风景名胜区；二是自然保护区的核心区和缓冲区；三是城镇居民区、文化教育科学研究区等人口集中区域；四是法律、法规规定的其他禁止养殖区域。在以上区域内，不允许建设畜禽养殖场和养殖小区。

所谓限养区，是指按照法律、法规、行政规章等规定，限定畜禽养殖数量，禁止新建、扩建规模化畜禽养殖场的区域。限养区是在一定区域内，结合区域环境容量，限定畜禽养殖污染排放问题的区域。在该区域内的畜禽养殖场要限期完成粪污治理。

所谓适养区，是指除禁养、限养区以外的区域。该区域也以环境承载能力为基础，合理规划和布局，实现废弃物的循环综合利用或达到国家《畜禽养殖业污染物排放标准》（即化学需氧量 COD 低于 400 毫克 / 升，氨氮低于 80 毫克 / 升）。

适养区与限养区的区别在于排放标准的不同。限养区排放要求更加严格。但是，适养区同样也不能发生养殖环境污染问题。在林下放养地的选择上，一定要与当地主管部门取得联系，防止走弯路，减少不必要的损失。

9. 放养场地为何要围栏筑网，划区轮牧？

生态放养鸡，是在野外进行。通常在放养场地围栏筑网。有人要问，这么大的场地，让鸡随便跑吧，何必围栏筑网？不仅花钱，而且费力，还限制鸡的活动。

生产中采取围栏筑网的目的是：

①雏鸡在刚刚放牧的时候，通过围网，限制其活动范围，防止丢失；以后逐渐放宽活动范围，直至自由活动；

②当一个群体数量很大的时候，鸡有一定的群集性。由于鸡的活动半径较小（一般 100 米以内），众多的鸡生活在较小的范围内，容易形成在鸡经常活动的区域出现过牧现象，形成"近处光秃秃，远处绿油油"。通过围栏筑网，将较大的鸡群隔离成若干小的鸡群，防止出现以上现象；

③果园或林地，病虫害是难免发生的。如果在这样的场地养

鸡，在喷施农药的时候，尽管目前推广的均为高效低毒农药，但为了保证安全，需要在喷农药期间停止放牧1周以上。若在果园围栏筑网，喷施农药有计划地进行，使鸡放牧经常位于没有喷施农药或喷施1周以上的地块；

④在农区或山区，果园、林地由家庭承包。在多数情况下，农民承包的面积有限。而在有限的地块养鸡，如果不限制鸡的活动，往往鸡的活动范围超出自家。为了安全，同时为了防止鸡群对周围作物的破坏，减少邻里摩擦，往往采取围网的方式。

⑤生态养鸡，让鸡充分采食自然饲料，包括青草、昆虫和腐殖质等。但是，多数情况下，青草的生长速度往往低于鸡的采食速度，很容易出现过牧现象。为了防止过牧现象的发生，将一个地块用围网分成若干小区（一般3个左右），使鸡轮流在3个区域内采食，即分区轮牧，每个小区放牧1～2周，使土地生息结合，资源开发和保护并举。

10. 放牧过渡期如何饲养管理？

由育雏舍转移到林下放养的最初1～2周称为放牧过渡期，该期尽管时间较短，但是非常容易出现问题，因此是放养成功与否的关键时期。如果前期准备工作做得较好，过渡期管理得当，雏鸡很快适应放牧环境，不因为环境的巨大变化而影响生长发育。

转群日的选择非常关键。应选择天气暖和的晴天。在夜间转群。当将灯关闭后，打开手电筒，手电筒头部蒙上红色布，使之放出黯淡的红色光，以使雏鸡安静，降低应激。轻轻将小鸡转移放到运输笼，然后装车。按照原分群计划，一次性放入鸡舍，使之在林下的鸡舍过夜，第二天早晨不要马上放鸡，要让鸡在鸡舍内停留较长的时间，以便熟悉其新居。待到9～10时以后放出喂料，料槽放在离鸡舍1～5米远，让鸡自由觅食，切忌惊吓鸡群。饲料与育雏期的饲料相同，不要突然改变。

开始几天，每天放牧较短的时间，以后逐日增加放牧时间。为了防止个别小鸡乱跑而不会自行返回，可设围栏限制，并不断扩大放养面积。1～5天内仍按舍饲喂量给料，日喂3次。5天后要限制饲料喂量，分两步递减饲料：首先是5～10天内饲料喂平常舍饲日粮的70%；其次是10天后直到出栏，饲料喂量减半，只喂平常各生长阶段舍饲日粮的30%～50%，日喂1～2次（天气不好的时候喂2次，由于鸡有懒惰和依赖性，饲喂的次数越多效果越差）。

11. 怎样对放养鸡群补喂青草？

一般情况下，在放牧期间让鸡自由采食野草野菜。但是，当林下放养区青草或青菜生长速度低于鸡的采食时，也就出现供不应求现象。为了减少对林下生态的破坏，同时也为了降低饲养成本，提高养殖效益（通过投喂青草减少精饲料的喂量）和效果（经常采食野草野菜的鸡，其产品无论是鸡蛋，还是鸡肉，质量高于精料喂养的同类产品），有条件的，有必要采集一些青草喂鸡。

人工采集青草喂鸡有3种方法：

（1）直接投喂法　即将采集到的野草野菜直接投放在鸡的放牧场地或集中采食场地，让其自由采食。这种方法简便，省工省力，但有一定浪费；

（2）剁碎投喂法　即将青草或青菜用菜刀剁碎后饲喂。这种方法一般投放在饲料槽里，其虽然花费了一定劳动，但浪费较少；

（3）打浆饲喂法　将青草青菜用打浆机打成浆，然后与一定的精饲料搅拌均匀饲喂。这种方式适合规模较大的鸡场，同时配备一定的人工牧草种植。虽然这种方式投入较大，但可有效利用青草，减少饲料浪费，增加鸡的采食量，饲养效果最好。

12. 放养地方鸡种，精料补充料的营养浓度如何掌握？

不同地方鸡种的遗传类型、生理特点和生产性能有所不同，因此对营养的需要量也不尽相同。关于放养土鸡精补料的营养水平没有统一标准。不同资料的推荐量也不相同。下面将一些资料汇集如表 6-2 至表 6-6，供参考。

表 6-2　台湾土鸡营养需要量 *

项　目	育雏期 0～4 周龄		生长期 5～8 周龄			9 周龄至上市	
	A	B	A1	A2	B	A	B
代谢能（兆焦/千克）	13.39	12.97	12.56	11.72	12.97	12.56	12.97
粗蛋白质（%）	23	22	19	17	20	17	18
钙（%）	0.79	0.85	0.79	0.75	0.70	0.75	0.80
有效磷（%）	0.46	0.40	0.32	0.30	0.40	0.20	0.25
含硫氨基酸（%）	0.94	0.91	0.72	0.66	0.72	0.56	0.55
赖氨酸（%）	1.08						
色氨酸（%）	0.21						

A 台湾省畜产试验所的资料；B 台湾中兴大学的资料。

* 徐阿里. 土鸡的营养需要量，禽业科技，1997 年第 13 卷第 7 期。

表 6-3　台湾省畜牧学会（1993）建议的土鸡营养需要 *

营养成分	周　龄		
	0～4	5～10	10～14
粗蛋白质（%）	20	18	16
代谢能（兆焦/千克）	12.55	12.55	12.55
赖氨酸（%）	1.0	0.9	0.85
蛋氨酸＋胱氨酸（%）	0.84	0.74	0.68
色氨酸（%）	0.2	0.18	0.16
钙（%）	1.0	0.8	0.8
有效磷（%）	0.45	0.35	0.30

* 王长康编著《优质鸡半放养技术》，福建科学技术出版社，2003。

表6-4 土鸡生长期的饲养标准 *

项 目	0～6周龄	6～14周龄	14周龄以上
代谢能 （兆焦/千克）	11.93	11.92	11.72
粗蛋白质 （%）	19.00	16.00	12.00
蛋白能量比 （克/兆焦）	1.59	1.34	1.02
亚油酸 （%）	1.00	1.00	0.80

* 施泽荣编著《土鸡饲养与防病》，中国林业出版社，2002。

表6-5 肉用土鸡雏鸡的营养标准 *

项 目	0～4周龄	4周龄以上
代谢能 （兆焦/千克）	12.14	12.56
粗蛋白质 （%）	21	19
蛋白能量比 （克/兆焦）	1.73	1.51

* 施泽荣编著《土鸡饲养与防病》，中国林业出版社，2002。

表6-6 湘黄鸡饲料营养参考量

日 龄	0～42	43～90	91～出栏
代谢能 （兆焦/千克）	11.75（2.8）	12.13（2.9）	12.55（3.0）
粗蛋白质 （%）	20	18	16
蛋白能量比 （克/兆焦）	17	15	13

* 丰艳平，何华西. 散养湘黄鸡的营养需要与日粮配合技术. 畜牧兽医杂志，2005（1）：3-5。

　　结合前人的经验及有关资料，根据太行鸡放养特点和我们的试验数据，我们制定了营养推荐量。经过几年的实践，效果较好（表6-7）。

表 6-7　太行鸡放养期营养推荐量

项　目	育雏期 （0～6 周龄）	生长期 （7～12 周龄）	育成期 （13～20 周龄）
代谢能 （兆焦 / 千克）	11.92	12.35	12.35
粗蛋白质 （%）	18.0	15.0	12.0
钙 （%）	0.9	0.7	0.7
有效磷 （%）	0.42	0.38	0.38
赖氨酸 （%）	1.05	0.71	0.56
蛋氨酸＋胱氨酸 （%）	0.77	0.65	0.52
色氨酸 （%）	1.67	1.40	1.12

13. 如何进行换料？

在林下养鸡生产中，饲料的更换或变动是不可避免的。但是，如果饲料变化比例过大，或换料时间过短，即突然换料，由于鸡消化功能不能很快适应新的饲料，会造成消化功能失调，诱发疾病，影响生产性能。

换料应遵循的基本原则是逐渐过渡。其过渡期的长短根据鸡群的日龄、健康状况、气候条件、饲料变化程度等来决定。一般过渡期 7 天左右。青年鸡、健康状况良好、气候正常、饲料变化不大，过渡期可以适当缩短。如果处于产蛋高峰期，饲料变化较大，特别是处于气候不稳定期和疾病多发期，换料一定慎重。否则，会造成重大损失。

一般将过渡期分为 3 个阶段，每个阶段 2～3 天。先更换原来饲料的 1/3，即用新饲料代替原来饲料，饲喂几天后再增加新饲料 1/3，代替原来饲料同等的数量或比例，最后全部更换。

14. 放养期怎样供水？

尽管鸡在林下放养可以采食大量的青绿饲料，但是水的供应是必不可少的。没有充足的饮水，就不能保证快速的生长和健康的体质，以及饲料的有效利用。更不能保证有较高的产蛋性能。尤其是在林木稀疏、植被状况不好的林下，更应重视水的供应。

饮水以自动饮水器最佳，以减少饮水污染，保证水的随时供应。

自动饮水应设置完整的供水系统，包括水源、水塔（或相当于水塔的设备，通过势差将水由高处流向低处）、输水管道、终端（饮水器）等。输水管道最好地下埋置，而终端饮水器应在放牧地块，根据面积大小设置一定的饮水区域，最好与补料区域结合，以便鸡采食后饮水。饮水器的数量应根据鸡的多少设置足够的数量。

实际生产中，很多林下养鸡没有配备饮水系统，个别地方水源（水井）问题难以解决。在林下放养区周围天然的饮水地（如坑塘、河流等）容易被鸡粪便污染，难以保护。因而，不主张在这样的地方自由饮水。而一般小型林下养鸡多采取异地拉水。对于这种情况，可制作土饮水器，即利用铁桶作为水罐，利用负压原理，将水输送到开放的饮水管或饮水槽。

15. 放养期怎样诱虫？

诱虫是林下养鸡的重要内容之一。诱虫的目的有二：一是消灭虫害，降低林下的农药使用量，实现生态种植与养殖的有机结合；二是通过诱虫，为鸡提供一定的动物蛋白，降低养殖成本，提高养殖效果。昆虫虫体不仅富含蛋白质和各种必需氨基酸，还含有抗菌肽及多种未知生长因子。实践表明，若是鸡采食一定的昆虫饲料，则生长发育速度快，发病率降低，成活率提高。笔者在实践中发现，经常采食昆虫的鸡，对于一些特殊的疾病（如病毒性的马立克氏病）有一定的抵抗力，发病率较低。此现象的出现笔者认为与昆虫体内的特殊抗菌物质有关，具体机制有待进一步研究。诱虫一般采用3种方法，即黑光灯诱虫、高压电弧灭虫灯诱虫和性激素诱虫。

（1）**高压电网诱虫**　诱虫光源一般使用两种：一种是高压自

镇汞灯泡，一种是黑光灯泡。而黑光灯诱虫是生产中最常见的。夏季既是生态放养鸡的最佳季节，也是昆虫大量滋生的季节。利用昆虫的趋光性，使用黑光灯可大量诱虫。黑光灯发出的光波波长为3 800埃，大多数昆虫如飞蛾、蝗虫、螳螂、蚊蝇等，对波长为3 000～4 000埃的光波极为敏感。黑光灯诱虫需要有220伏交流电源（50赫兹），规格不同，有20瓦、30瓦、40瓦及高功率灯具等多种。

安装时应在其上设一防雨的塑料罩，或三块挡虫玻璃板，规格为690毫米×140毫米×3毫米（长×宽×厚）。可将黑光灯安装在果园一定高度的杆子上，或吊在离地面1.5～2米高的地方。安装要牢固，不要左右摇摆。一般每隔200～300米安装1个。黑光灯诱虫采取傍晚开灯，昆虫飞向黑光灯，碰到灯即撞昏落入地面，被鸡直接采食，或落入安装在灯管下面的虫体袋内。翌日将集中在袋内的虫体喂鸡。黑光灯诱虫效果受天气影响较大，高温无风的夜间虫子较多，而大风、雨天和降温的天气昆虫较少。因此，遇有不良天气时不必开灯。雨后1小时也不要开灯。灯具的周围不要使用其他强光灯具，以免影响应用效果。使用黑光灯一定要注意用电安全，灯具工作时不要用手触摸灯具。

（2）高压电弧灭虫灯　是利用昆虫趋光性的原理，以高压电弧灯发出的强光，诱导昆虫集中于灯下。然后被鸡捕捉采食。高压电弧灯一般为500瓦（220伏，50赫兹），将其悬吊于宽敞的放牧地上方，高度可调整。每天傍晚开灯。由于此灯的光线极强，可将周围2 000米的昆虫吸引过来。据我们在献县基地的试验观察，一盏灯每日晚上开启4小时，可使1 500只鸡每日的补料量减少30%。

（3）性激素诱虫　利用性激素诱虫也是农田和果园诱杀虫子的一种方法。不过相对于光线诱虫而言，其主要应用于作物或果树的虫情测报和降低虫害发生率（多数是捕杀雄性成虫，使雌性成虫失去交尾机会而降低虫害的发生率）。

生产中使用的性激素是人工合成的。利用现代分析化学的方法，将不同虫子的性激素成分进行解密，然后人工合成。其诱虫效果较自然激素还要高。

我国科学工作者经过研究，用人工方法制成了多种害虫的雌性激素信息剂，每逢害虫成虫盛发期，在放牧地块里扎上高约1米的三角架，架上搁一个盛大半盆水的诱杀盆，中央悬挂一个由性激素剂制成的信息球，此球发出的雌性信息比真雌虫还强，影响距离更远。当雄性成虫嗅到雌性信息后便从四面八方飞来，在狂欢中撞入水盆被淹死。尔后将它们作为鸡的美味佳肴。

性激素诱虫的效果受到多种因素的制约，如性激素的专一性、种群密度、靶标害虫的飞行距离（即搜寻面积的大小）、性诱器周围的环境及气象条件，尤其是温度和风速。性诱器周围的植被也影响诱捕效率（表6-8）。

表6-8　性激素与传统杀虫剂的区别

项　目	性激素	传统杀虫剂
毒　性	对哺乳动物和鱼无毒	一般有毒
对天敌的影响	天敌能生存	常引起次生害虫发生
环境污染	易被微生物降解	污染比较严重，不可忽视
抗　性	至今未见报道	一般引起抗性
施用次数	每年1～2次	每年多次
种群密度	高密度时无效	高密度时有效
处理区面积	较大的处理面积更有效	小面积亦有效
处理时间	前世代蛾的整个飞翔期	仅在损失上升之前有效
气　候	无风和较大的风速受到影响	雨中无效
选择性	仅对靶子虫种有效	一种药能控制多种害虫

16. 林下养鸡的主要兽害有哪些？怎样控制鼠害？

林下里养鸡，对鸡群造成伤害的主要兽害是老鼠、老鹰、黄鼬和蛇。预防鼠害、鹰害、鼬害和蛇害，是保障鸡群安全的重点。

老鼠对放牧初期的小鸡有较大的危害性。因为此时的雏鸡防御能力差，躲避能力低，很容易受到老鼠的侵袭。即使大一些的鸡，夜间受到老鼠的干扰而造成惊群。预防鼠害可采取 4 种方法：

（1）鼠夹法　在放牧前 7 天，在放牧地块里投放鼠夹等捕鼠工具。每一定面积（一般每公顷投放 30～45 个）按照一定的规律投放一定的工具，每日傍晚投放，翌日早晨观察。凡是捕捉到老鼠的鼠夹，应经过处理（如清洗）后再重新投放（曾经夹住老鼠的鼠夹，带有老鼠的气味，使其他老鼠产生躲避行为）。但在放牧期间不可投放鼠夹。

（2）毒饵法　在放牧前 2 周，在放牧地投放一定的毒饵。一般每亩地块投放 2～3 处，记住投放位置，设置明显的标志。每天在放牧地块检查被毒死的老鼠，及时捡出并深埋。连续投放 1 周后，将剩余的毒饵全部取走，一个不剩。然后继续观察 1 周，将死掉的老鼠全部清除。

（3）灌水法　在放牧前，把经过训练的猫或狗牵到放牧地，让其寻找鼠洞，然后往洞内灌水，迫使老鼠从洞内逃出，然后捕捉。注意有些老鼠一洞多口而从其他洞口逃出。

（4）养鹅驱鼠法　以生物方法驱鼠避鼠是值得提倡的。实践中，我们提出了鸡鹅结合、生态相克防治天敌的生物防范兽害技术，取得了良好效果。

利用鹅的警觉性、攻击性、合群性、草食性、节律性等特点，进行以鹅护鸡，收到较好效果。

17. 怎样控制鹰害？

鹰类是益鸟，是人类的朋友。具有灭鼠捕兔的本领。它们具有敏锐的双眼、飞翔的翅膀和锋利强壮的双爪。在高空中俯视大地上的目标，一旦发现猎物，直冲而下，速度极快、声音很小，攻击目标非常准确。因此，人们将老鹰称为草原的保护神，其对于农作物与草场的鼠害和兔害的控制，维护生态平衡起到非常重要的作用。虽然林下养鸡有树木遮挡，但是它们对于放养的鸡仍然具有一定威胁。

鹰类的活动规律与鼠类基本相同，即初春、秋季多，盛夏和冬季相对较少；早晨（9:00～11:00）、下午（4:00～6:00）多，中午少；晴天多，大风天少。鼠类活动盛期，也是鹰类捕鼠高峰期；鼠密度大的地方，鹰类出现的次数和频率也高。山区和草原较多，平原较少。但是，近年来我们观察，无论在山区，还是平原；无论是春夏，还是秋冬，均有一定的老鹰活动，对鸡群造成一定伤害。

由于鹰类是益鸟，是人类的朋友，因此在生态养鸡的过程中，对它们只能采取驱避的措施，而不能捕杀。可采取如下方法：

（1）鸣枪放炮法　放牧过程中有专人看管，注意观察老鹰的行踪。发现老鹰袭来，立即向老鹰方向的空中鸣枪，或向空中放两响鞭炮，使老鹰受到惊吓而逃跑。连续几次之后，老鹰不敢再接近放牧地。

（2）稻草人法　在放牧地里，布置几个稻草人，尽量将稻草人扎得高一些，上部捆一些彩色布条，最上面安装1个可以旋转、带有声音的风向标，其声音和颜色及风吹的晃动，对老鹰产生威慑作用而不敢接近。

（3）人工驱赶法　放牧时专人看管，手持长柄扫帚或其他工具，发现老鹰接近，立即边跑边挥舞工具边高声驱赶。如果配备牧羊犬效果更好。

（4）罩网法　在放牧地，架起一个大网，离地面3米左右，并将鸡围起来，在特定的范围放牧。老鹰发现目标后直冲而下，接触网后，其爪被网线缠绕，此时饲养人员舞动工具高声驱赶，老鹰便夺路而逃。

一般而言，老鹰有相对固定的领地。老鹰经过几次驱赶受到惊吓之后，以后则不敢轻易闯入。

18. 怎样控制鼬害？

黄鼬生性狡猾，一般昼伏夜出，黄昏前后活动最为频繁。除繁殖季节外，多独栖生活。喜欢在道路旁的隐蔽处窜行捕食，行动路线一经习惯则很少改变.黄鼬性情凶悍，生活力强，警觉性很高。

采取以下几种方法捕捉或驱赶黄鼬：

（1）**竹筒捕捉法**　选较黄鼬稍长的竹筒（为 60～70 厘米），里口直径 7 厘米，筒内光滑无节。把竹筒斜埋于土中，上口与地面平齐或稍低于地面。筒底放诱饵如小鼠、青蛙、小鱼、泥鳅等，也可放昆虫等活动物（用网罩住）或火烤过的鸡骨。黄鼬觅食钻进竹筒后，无法退出而被活捉。

（2）**木箱捕捉法**　制一长 100 厘米、高 16 厘米、宽 20 厘米的木箱，两头是活闸门。闸门背面中间各钻一小浅眼，箱体上盖中间钻一小孔。闸门升起，浅眼与上盖面平齐。用与箱体等长细绳，两头各拴一小钉插入闸门眼中，将闸门定住。细绳中间拴一条 7～10 厘米短绳穿入箱内，底端拴一小钩挂上诱饵。黄鼬拉食饵料，即带动小钉脱离闸门，闸门降下将其关住，遂被活捉。

（3）**夹猎法**　将踩板夹放在黄鼬的洞口或经常活动的地方，黄鼬一触即被夹获。还可在夹子旁放上鼠、蛙、鱼、家禽及其内脏等诱饵，待黄鼬觅食时夹住。

（4）**猎狗追踪捕捉**　猎狗追踪黄鼬到洞口，如黄鼬在洞内，狗会不断摇尾巴或吠叫，这时在洞口设置网具，然后用猎杆从洞的另一端将其赶出洞，将其活捉。

（5）**灌水烟熏捕捉法**　利用狗寻找黄鼬洞口，随后用网封住洞口，然后往洞内灌水，或往洞内吹烟，迫使其出洞而被活捉。采取这种办法时应注意黄鼬的多个洞口，防止其从其他洞口逃窜。

此外，养鹅护鸡对黄鼬也有较好的驱避效果。

19. 怎样控制蛇害?

我国劳动人民积累了丰富的控制蛇害经验,一般采取两种途径,一是捕捉法,二是驱避法。

（1）捕捉法

①**徒手捕捉法** 发现蛇后,要胆大心细,做到眼尖、脚轻、手快、切忌用力过猛或临阵畏缩。民间流传捕蛇的口诀:一顿二叉三踏尾,扬手七寸莫迟疑,顺手松动脊椎骨,捆成缆把挑着回。即当发现蛇时,先悄悄接近它,然后脚一顿造成振动,使蛇突然受惊不动,然后趁势下蹲迅速抓住蛇颈,立即踏住蛇尾用力拉直蛇身,松动其脊椎骨,使蛇暂时失去缠绕能力并处于半瘫痪状态,再将蛇体卷好,用绳扎牢蛇颈和蛇体,然后放入容器中或用棍棒挑起来,这种方法是捕蛇老手的经验总结。

②**引蛇出洞麻醉捕捉法** 诱饵配制:咖啡50克,胡椒25克、鸡蛋清1.5千克、面粉50克。混合搅成糊团,放在有蛇的地方,能引诱到大量蛇群出洞;或在蛇经常出入的地方,将狗血洒在地上,人即远离。约过30分钟后,方圆200米内大小蛇类,不论毒蛇还是无毒蛇,凡闻到腥味都向狗血处聚集。捕蛇前先用云香精配雄黄擦手。然后用云香精、雄黄水向蛇身上喷洒,蛇立即挥身发软乏力、不能行动,瘫软在地任人捕捉。切记:捕蛇时人接近蛇群既要隐蔽又要迅速。

③**捕蛇工具捕捉法**

圈套法:准备一条打通的竹竿,用一根绳穿过其中,一边成套。看到蛇时,把圈套迅速套入蛇颈,立即拉紧绳子,这样蛇即被套住。

钩压法:工具是一头装有较尖锐的铁制蛇钩,用蛇钩把毒蛇的头部钩住压在地面上,再用另一只手去抓蛇的颈部。

（2）驱避法

①**凤仙花驱避法** 凤仙花又称花梗,凤仙花科。是观赏、药

用和食用多用途植物。据药理学研究，凤仙花对藓菌、金黄色葡萄球菌、溶血性链球菌、伤寒杆菌、痢疾杆菌等有不同程度的抑制作用。其茎和种子可入药，茎在中药中称为凤仙透骨草，有祛风湿、活血、镇痛的功效，用于治疗风湿性关节痛、屈伸不利等症；种子称为急性子，有软坚、消积的作用，用于治疗噎膈、骨鲠咽喉、腹部肿块、闭经等；在民间，常被用来治疗风湿疼痛、四肢麻木、月经不调、风湿性关节炎、跌打损伤、恶疮毒痈、毒蛇咬伤等。蛇对此花有忌避，不愿靠近。在放养的地边种植一些凤仙花，可有效地预防蛇的进入和对鸡的伤害。

②**其他植物驱避法**　据资料介绍，七叶一枝花、一点红、万年青、半边莲、八角莲、观音竹等，均对蛇有驱避作用；还可在鸡场隔离区种些芋芳，不仅能遮阴，而且芋芳汁碰到蛇身上就会让它蜕一层皮，所以它也不敢靠近芋芳地；另据报道，用亚胺硫磷（果树农药）0.5千克加水拌匀喷洒在鸡场放牧地周围，蛇类嗅到药味便会全部逃之夭夭，唯恐避之不及，以后则极少在此间出没活动，效果非常显著。

③**养鹅**　是预防蛇害非常有效的手段。无论是大蛇，还是小蛇；毒蛇，还是菜蛇，鹅均不惧怕，或将其吃掉，或将其驱逐出境。

20.林下养鸡怎样做好夜间安全防范?

鸡的活动很有规律，日出而动，日落而宿。每日傍晚鸡的食欲旺盛，极力采食，以备夜间休息期间进行营养的消化和吸收。同时，夜间也是多种野生动物活动的频繁时间。搞好夜间防范成为林下养鸡最为重要的工作之一。

总结生产经验，做好夜间防范有以下几种方法：

（1）**养鹅报警**　正如上面所述，鹅是禽类中特殊的动物，警觉性很强，胆子很大，不仅具有报警和防护性，而且具有一定的攻击性。在鸡舍周围饲养适量的鹅，可发挥其报警的作用。

（2）安装音响报警器　在不同鸡舍的一定位置（高度与鸡群相近，以便在鸡受到威胁时发出的声音的收集）安装音响报警器，总控制面板设在值班室。任何一个鸡舍发生异常，控制面板的信号灯就会发出警示，提醒值班人员及时前去处理。

（3）安装摄像头　在鸡舍的一定位置安装摄像头，与设置在值班室的电子计算机形成一体。当发生动物入侵时，值班人员就会通过监控屏幕发现，并及时处理。

21. 放养期间怎样减少各种应激？

鸡对外界环境十分敏感，保持环境稳定是提高放养鸡生产性能的关键环节。生产中环境变化或对鸡的应激因素主要有：

（1）动物的闯入　在放养期间，家养动物的闯入（以狗和猫为甚），对鸡群有较大的影响。特别是在植被覆盖较差的地块放牧，鸡和其他闯入动物均充分暴露，动物的奔跑、吠叫，都会对鸡群造成较强的应激。应避免其他动物进入林地放养区。有条件的，可将放养区用网围住。

（2）饲养人员更换　在长期的接触中，鸡对于饲养人员形成了认可的关系。饲养人员的突然更换，对鸡群是一种无形的应激。因此，应尽量避免人员的更换。如果更换饲养人员，应该在更换之前让两个人共同饲养一段时间，使鸡对新的主人产生感情，确认其主人地位。

（3）饲喂制度变更　饲喂制度改变对鸡也会造成一定的应激。无论是饲喂时间、饮水时间、放牧时间或归牧时间，都不应轻易改变。

（4）位置的改变　在长期的放养环境中，鸡群对其生活周围的环境逐渐适应，无论是鸡舍（鸡棚），还是饲具和饮具位置的变更，对其都有一定影响。比如，将鸡舍拆掉，在其他地方建筑一个非常漂亮的鸡舍，但这群鸡宁可在原来鸡舍的位置上暴露过夜，承受恶劣的环境条件，也绝不到新建的鸡舍里过舒适生活。

（5）气候突变　在环境对鸡群的影响中，气候的变化影响最大，包括突然降温、突然升温、大雨、大风、雷电和冰雹。

突然降温造成的危害是鸡在鸡舍内容易扎堆，相互挤压在一起，发现不及时容易造成底部的鸡被压死和窒息；高温造成的危害是容易中暑。而风雨交加或冰雹的出现，往往造成大批死亡。

在林下养鸡实践中，我们对不同鸡场放养期鸡死亡情况进行分析，因为疾病死亡占据的比例非常小，而气候条件的变化所造成的死亡占据 50% 左右。在放养期间，突然大雨和大风，鸡来不及躲避，常被雨水淋透；大雨必然伴随降温，受到雨水侵袭的鸡饥寒交迫，抗病力减退，如不及时发现，很容易继发感冒和其他疾病而死亡。若及时发现，应将其放入温暖的环境下，使其羽毛快速干燥，可避免死亡。

放养期间，雷电对鸡群的影响很大。尽管很少有发生雷击现象，打雷的剧烈响声和闪电的强烈光亮的刺激，往往出现惊群现象，大批的鸡拥挤在一起，造成底部被压的鸡窒息而死。没有被挤压的鸡，由于受到强烈的刺激，几天才能逐渐恢复。因此，若遇到这样的情况，必须观察鸡群，发现炸群，及时将挤压的鸡群拨开。如果是固定鸡舍，遇到雷电天气，最好安装黑布窗帘，夜间提前将窗帘拉上，避免强烈闪电带来的应激。同时，在雷电期间，可以在鸡舍内播放音乐，以减轻雷鸣的应激。

对于林下规模化养鸡而言，必须注意当地的天气预报。遇有不良天气，应提前采取措施。

22. 如何提高育成鸡的均匀度？

鸡群的整齐度对于开产日龄的集中度和产蛋率的高低有很大的影响，也是体现饲养品种优劣和饲养技术高低的重要标准之一。没有高的群体均匀度或整齐度，难有好的饲养效果。

影响鸡群均匀度的因素很多，比如雏鸡质量、不同批次群体混养、群体过大、放养密度高、投料不足等。应有针对性地采取相应措施：

（1）**建立良好的基础群**　对于雏鸡的选择和培育是关键。要按照品种标准选择雏鸡，对于体质较弱、明显发育不良、有病或有残疾的雏鸡，坚决淘汰。淘汰体重过大或过小的雏鸡。如果所孵化的雏鸡群体差异较大，可遵循大小分群的原则。按照技术规范育雏，培育健康的雏鸡。

（2）**严禁混群饲养**　有的林下养鸡时，多批次引进雏鸡，而每一批次数量都不大。为了管理的方便，将不同批次的鸡混合在一起饲养，这是绝对不允许的。日龄不同，营养要求不同，免疫条件不同，管理也不同。如果将它们混杂在一起，将造成管理的无章可循，带来不可弥补的后果。

（3）**群体规模适中**　过大的群体规模是造成群体参差不齐的原因之一。由于规模较大，使那些本来处于劣势的小鸡越来越处于不利地位，使群体的差距越来越大。一般来说，群体规模宜控制在 500 只左右。对于大规模饲养数万只时，可以分成若干个小区隔离饲养。

（4）**密度控制**　放养密度是影响群体整齐度的另一个重要因素。与群体规模过大的原理相似，过大的密度严重影响鸡的采食和活动，特别是阻碍一些身体或体重处于劣势的个体发育，使它们与群体之间的差距越来越大。

（5）**投料**　饲料的补充量不足，或者投料工具的实际有效采食面积小，会严重影响鸡的采食，使那些体小、体弱、胆小的鸡永远处于竞争的不利地位而影响生长发育。根据鸡在野外获得的饲料情况，满足其营养要求，合理补充饲料，并集中补料，增加采食面积，是保证群体均匀一致的重要措施。

（6）**定时抽测，及时淘汰"拉腿鸡"**　作为规范化的养鸡场，应该每周抽检 1 次，并计算群体的整齐度。发现均匀度不好，应及时分析原因并采取措施。如果群体比较均匀，而个别鸡发育不良，应该采取果断措施，坚决淘汰那些没有发展前途的"拉腿鸡"。根据笔者观察，群体中的个别拉腿鸡，开产期非常晚，有的达200多天还不开产，有的甚至一生可能不产蛋。饲养这样的鸡毫无意义。

23. 如何进行鸡群体重的抽测？

体重抽测是鸡场的日常管理工作之一。从育雏期开始，至育成末期基本结束，每周1次，并绘制成完整的鸡群生长发育曲线。

抽测体重要在夜间进行。晚上8时以后，将鸡舍灯具关闭，手持手电筒，蒙上红色布料，使之发出较弱的红色光线，以减少对鸡群的应激。随机轻轻抓取鸡，使用电子秤逐只称重，并记录。设计固定记录表格，每次将测定数据记录在同一表格内，并长期保存。

取样应具有代表性，做到随机取样。在鸡舍的不同区域、栖架的不同层次，均要取样，防止取样偏差。

每次抽测的数量依据群体大小而定。一般为群体数量的5%，大规模养鸡不低于群体数量的1%，小规模养鸡每次测定数量不低于50只。

24. 提高林下养鸡育成期成活率的技术措施有哪些？

林下养鸡实践中发现，不同的林下育成期成活率差异明显。总结成功者的经验和失败者的教训，我们认为，提高育成期成活率应注意以下几点：

（1）培育健雏是基础　放养初期（3周内）死亡率占据整个育成期死亡率的30%以上。除了一些人为伤亡以外，多数死亡的是弱雏或病雏。因此，要提高育成期的成活率，必须在育雏期奠定基础，包括饲养健康雏鸡，淘汰弱雏、病雏和残雏；按照程序免疫；进行放养前的适应性锻炼等。

（2）搞好免疫　生产中发现，很多饲养者认为地方品种鸡的抗病力强，不注射疫苗也没有问题。但是在规模化养殖条件下，很多传染性疾病，无论是笼养的现代鸡种，还是本地土鸡种，不免疫注射是绝对不安全的。尤其是马立克氏病，一些土孵化房不注射疫苗，多数在2～3月龄暴发，造成大批死亡。生产中发现，放养鸡在育成期的主要传染性疾病是马立克氏病、新城疫、鸡传染性法氏囊病和鸡痘，应重视疫苗的注射。

（3）注重几种疾病的预防　除了一些烈性病毒性传染病以外，造成育成期死亡的其他疾病是球虫病、沙门氏菌病和体内寄生虫病。而这些疾病往往被忽视。野外放养如果遇到连续的阴雨天气，很容易诱发球虫病，应根据气候条件和粪便中球虫卵囊检测情况酌情投药；白痢是放养鸡常发生的疾病。我国绝大多数地方鸡种没有进行白痢的净化，在育雏期未得到有效控制，在放养初期很容易发生；常年的在林下放养鸡，体内寄生虫发生很普遍。应根据粪便寄生虫卵的监测进行有针对性的预防。

（4）减少放养丢失　一些林下在鸡放养过程中鸡只数量越来越少，而没有发现死亡和兽害，说明放养过程中不断丢失。这是由于没有进行有效的信号调教，也没有采取先近后远，逐步扩大放养范围的放养方法。

（5）预防兽害　正如上面所提出的，主要是老鼠、老鹰、黄鼬和蛇害。应采取有效措施降低兽害伤亡。

（6）避免药害　林下放养鸡，农药中毒造成的伤亡屡见不鲜。除了极个别人为破坏以外，多数情况是在放养区直接喷药而没有实行分区轮牧和分区喷药；另一个原因是邻近林下喷药，放养区与邻近林下没有用网隔开。这些细节问题应引起高度重视。

（7）预防恶劣天气　暴风雨是造成育成期死亡的一个重大因素。应时刻注意当地天气预报，遇有不良气候，尽量不放鸡，或提前将其圈回。

（8）避免群体过大　群体过大时，遇到应激因素或寒冷天气，鸡群扎堆，造成底部鸡只窒息死亡。这是生产中经常发生的事情，在一些鸡场的伤亡中占据较大的比例。

（9）**注意大小分群**　大小混养不可避免地造成以大欺小，以强欺弱的现象，使小鸡始终处于被动局面而影响生长发育，降低抗病力；此外，混群容易造成疾病的相互传染，不利于防疫和全进全出。这是放养鸡最忌讳的事情。

（10）**全价营养，精心照料**　生产中发现，鸡在育成期发育缓慢，没有达到标准体重。分析发现，主要原因是营养不足。一些人认为，育成期靠鸡野外放养自由找食即可满足营养需要，不需另外补料。这种观点是错误的。育成期阶段，是生长发育最快的时期，在野外采食的自然饲料，不能满足能量和蛋白质总量的需求，必须另外补充。特别是在大规模、高密度饲养条件下，仅靠采食一些植物性青饲料，很难满足鸡自身快速生长的需要。忽视补料是得不偿失的。

因此，应根据体重的变化与标准的比较，酌情补料。只要营养得到满足，生长才能快速，抗病力和成活率才能提高。

25. 林下养鸡平时注意观察什么？

对鸡群进行认真观察，掌握鸡群状况，把问题解决在萌芽状态，是提高放养鸡经济效益的重要措施，也是一般饲养者往往忽视的问题。

一般来说，放养鸡体质健壮，疾病较少。但也不可掉以轻心。平时要认真观察鸡群的状况，发现个别鸡出现异常，及时分析和处理，防止传染性疾病的发生和流行。

观察鸡群可分几个阶段：

（1）**每日早晨放鸡时观察鸡群活动情况**　健康鸡总是争先恐后向外飞跑，弱者常常落在后边，病鸡不愿离舍或留在栖架上。通过观察可及时发现病鸡，及时治疗和隔离，以免疫情传播。

（2）**放鸡后清扫鸡舍时观察鸡粪状况**　正常的鸡粪便是软硬适中的堆状或条状物，上面覆有少量的白色尿酸盐沉积物。若粪过稀，则为摄入水分过多或消化不良。如为浅黄色泡沫粪便，大部分是由肠炎引起的。白色稀便则多为白痢病。而排泄深红色血便，则多为鸡球虫病。

（3）每日补料时观察鸡的精神状态　健康鸡特别敏感，往往显示迫不及待感。病弱鸡不吃食或被挤到一边，或吃食动作迟缓，反应迟钝或无反应。病重鸡表现精神沉郁、两眼闭合、低头缩颈、翅膀下垂、呆立不动等。

（4）每日晚上观察鸡群的呼吸状况　晚上关灯后倾听鸡的呼吸是否正常，若带有"咯咯"声，则说明呼吸道有疾病。

26. 林下放养场地和鸡舍是否需要消毒？怎样进行？

林下养鸡，由于阳光充足、微生物分解，环境的自净作用强，除非发生传染性疾病，一般放养区不进行消毒。但是，鸡舍内的消毒必须加强。因为放养区面积大，鸡在单位面积内的活动频率低，加之舍外的诸多有利因素，不用人工消毒，通过自然消毒基本上可以做到环境的净化。而鸡舍及其周围环境则不同，鸡在此环境下活动频繁，污染物较多，湿度较大，如果不注意消毒，病原菌繁衍的机会就会增加。因此，要注意局部环境的卫生管理工作。

鸡舍地面、补料的场所每日打扫，定期消毒。水槽、料槽每日刷洗，清除槽内的鸡粪和其他杂物，让水槽、料槽保持清洁卫生，放养区进、出口设消毒带或消毒池。栖架定期清理和消毒。林下放养区谢绝参观。放养的鸡应实行全进全出制，每批鸡放养完后，应对鸡棚彻底清扫、消毒，对所用器具、盆槽等熏蒸消毒1次。

27. 开产前饲养管理应注意什么？

林下养鸡能否有一个高而稳定的产蛋率，在很大程度上取决于饲养管理。而开产前和产蛋高峰期的饲养管理尤为重要。重视这两个阶段的饲养管理，可获得较好的饲养效果。

（1）调整开产前体重　开产前3周（18～19周龄），务必对鸡群进行体重的抽测，看其是否达到标准体重。不同的鸡种有不同的体重标准，对于太行鸡来说，此时平均体重应达 1 300 克以上，最低体重 1 250 克，群体较整齐，发育一致。如果体重低于此数，应采取果断措施，或加大补料数量，或提高饲料的营养含量，或二者兼而有之。

（2）备好产蛋箱　开始产蛋的前 1 周，将产蛋箱准备好，让其适应环境。

（3）改换日粮　是指由生长日粮换为产蛋日粮，开产时增加光照时间要与改换日粮相配合，如只增加光照，不改换饲料，易造成生殖系统与鸡整体发育的不协调。如只改换日粮不增加光照，又会使鸡体积聚脂肪，故一般在增加光照 1 周后改换饲粮。

（4）调整饲料中的钙水平　产蛋鸡对钙的需要量比生长鸡多 3～4 倍。笼养条件下，产蛋鸡饲料中一般含钙 3%～3.5%，不超过 4%。而放养鸡的产蛋率低于笼养鸡；此外，鸡可以在林下获得较多的矿物质。因此，放养鸡的钙补充量低于笼养鸡。根据我们的经验，19 周龄以后，饲料中钙的水平提高到 1.75%，20～21 周龄提高到 3%。

对产蛋鸡适当补钙应注意的是：如对产蛋鸡喂过多的钙，不但抑制其食欲，也会影响磷、铁、铜、钴、镁、锌等矿物质的吸收。同时，也不能过早补钙，补早了反而不利于钙在骨骼中的沉积。这是因为生长后期如饲料中含钙量少时，小母鸡体内保留钙的能力就较高，此时需要的钙量不多。在实践中可以采用的补钙方法是：当鸡群见第一枚蛋时，或开产前 2 周在饲料中加一些贝壳或碳酸钙颗粒，也可放一些矿物质于料槽中，任开产鸡自由采食，直到鸡群产蛋率达 5%，再将生长饲料改为产蛋饲料。

（5）增加光照　21 周龄开始逐渐增加光照。正如上面所述，增加光照与改换饲料相配合。

28. 地方品种鸡何时开产好？如何控制开产日龄？

不同品种鸡的发育过程不同，因此开产时间也不同。对于培育的现代品种，经过严格的选育，基因的纯合度或一致性较高，开产比较一致和集中。而对于多数本地鸡种，发育的一致性差，开产日龄相差悬殊。例如，太行鸡，没有系统选育的群体，有的100多日龄见蛋，有的200多天还不开产。当然，这除了缺乏系统选育外，与饲养环境恶劣和长期营养不足有很大关系。因此，在搞好选种育种的同时，加强饲养管理和营养供应，是提高林下养鸡产蛋性能的关键措施。

开产日龄影响蛋重和终身产蛋量。开产过早，使蛋重不能达到散养鸡鸡蛋标准，也很难有较高的产蛋率。相反，开产日龄过晚，会影响产蛋量和经济效益，也不会有明显的产蛋高峰和持久、稳定和较高的产蛋率。因此，对其开产日龄应适当控制。一般是通过补料量、营养水平、光照的管理和异性刺激等手段，控制体重增长和卵巢发育，实现控制开产日龄的目的。

对于太行鸡而言，母鸡140日龄左右、体重达1.4～1.5千克时开始产蛋比较合适。为促使其性腺发育，在母鸡群里投放一定比例（1∶25～30）的公鸡较好。这样，母鸡与公鸡在一起生长，可刺激母鸡生殖系统发育成熟的速度，提前开产和增加产蛋量。定期抽测鸡群的体重，如果体重符合设定标准，按照正常饲养，即白天让鸡在放养区内自由采食，傍晚补饲1次，日补饲量以50～55克为宜。如果体重达不到标准体重，应增加补料量，每日补料次数可达到2次（早、晚各1次），或仅在晚上延长补料时间，增加补料数量，但一般在开产前日补料量控制在70克以内。

29. 如何提高鸡蛋常规品质？

鸡蛋的常规品质主要指蛋壳厚度、蛋壳硬度、蛋清稠度、蛋清颜色、蛋中血斑肉斑异物等。

（1）蛋壳厚度　当饲料中缺乏钙、磷等矿物质元素和维生素D，或钙磷比例不当时，多产软蛋、薄壳蛋。蛋鸡饲料中通常含钙3.2%～3.5%，磷0.6%，钙与磷的比例为5.5～6∶1。出现产软蛋、薄壳蛋时，应及时按要求补充贝粉、石灰石粉、骨粉或磷酸氢钙等，同时补充维生素 D 制剂，如鱼肝油、维生素 AD 粉等，以促进钙、磷吸收和利用。

（2）**蛋壳硬度** 饲料中缺锰、锌，则使蛋壳不坚固、不耐压，极易破碎，蛋壳上常伴有大理石样的斑点，并伴有母鸡屈腱病。一般认为，饲料中添加 55～75 毫克/千克的锰，可显著提高蛋壳质量。研究表明，当饮水中加入氯化钠 2 克/升的同时，在饲料日粮中加入 500 毫克/千克蛋氨酸锌或硫酸锌可显著降低蛋壳缺陷，提高蛋壳强度。应注意，锰添加量不宜过多，饲料必须混匀，以免导致维生素 D 遭到破坏，影响钙、磷吸收。

（3）**增稠蛋清** 蛋清稀薄，且有鱼腥气味，多为饲料中菜籽饼或鱼粉配合比例过大。菜籽饼含有毒物质硫葡萄糖苷，在饲料中如超过 8%，就有可能使褐壳鸡蛋产生鱼腥气味（白壳鸡蛋例外）。饲料中的鱼粉特别是劣质鱼粉超过 10% 时，褐、白壳蛋都有可能产生鱼腥味，故在蛋鸡的补充饲料中应当限制菜籽饼和鱼粉的使用量，前者应在 6% 以内，后者在 10% 以下，去毒处理后的菜籽饼则可加大配合比例，若蛋清稀薄且浓蛋白层与稀蛋白层界限不清，则为饲料中的蛋白质或维生素 B_2、维生素 D 等不足，应按实际缺少的营养物质加以补充。

（4）**蛋清颜色** 鸡蛋冷藏后蛋清呈现粉红色，卵黄体积膨大，质地变硬而有弹性，俗称"橡皮蛋"，有的呈现淡绿色、黑褐色，有的出现红色斑点。这与棉籽饼的质量和配合比例有关。棉籽饼中的环丙烯脂肪酸可使蛋清变成粉红色，游离态棉酚可与卵黄中的铁质生成较深色的复合体物质，促使卵黄发生色变。配合蛋鸡饲料应选用脱毒后的棉籽饼，配合比例应在 7% 以内。

（5）**蛋中异样血斑** 若鸡蛋中有芝麻或黄豆大小的血斑、血块，或蛋清中有淡红色的鲜血，除因卵巢或输卵管微细血管破裂外，多为饲料中缺乏维生素 K。应在饲料中适量添加维生素 K，则可消除这种现象。

30. 鸡蛋蛋黄颜色如何评判?

（1）蛋黄颜色的评判标准　目前多以罗氏公司（Roche）制造的罗氏比色扇进行评判。该比色扇是按照黄颜色的深浅分成15个等级，分别由长条状面板表示，并由浅到深依次排列，一端固定，另一端游离，打开后好似我国传统的扇子，故而得名。

（2）测定方法　收集鲜蛋，统一编号。然后打破蛋壳，倒出蛋清，留下蛋黄，使用罗氏比色扇在日光灯下测定蛋黄颜色指数。将比色扇打开，使鸡蛋黄位于扇叶之间，反复比较颜色的深浅，最后将最接近比色扇颜色的就定位为该鸡蛋黄的色度。

（3）注意事项　为了防止由于不同测定者测定的误差，一般由3个人分别测定，取其平均数作为该鸡蛋蛋黄颜色的色度。蛋黄颜色指数读数准确到整数位，平均值保留小数点后1位。

国家规定，出口鸡蛋的蛋黄颜色不低于8。根据笔者研究，放养条件下的太行鸡生产的鸡蛋，蛋黄色度一般在10左右。

（4）熟鸡蛋测定法　有时候为了防止在鸡饲料中添加人工合成色素，可采取测定熟鸡蛋的方法。每批鸡蛋取30个以上，煮沸10分钟，取出置于凉水中降温后连壳从中间纵向切开，由不同的测定者使用上述比色扇测定3次，取其平均数。

31. 怎样提高鸡蛋黄的颜色?

鸡蛋蛋黄是由类胡萝卜素（叶黄素）的物质形成。该类物质在蛋鸡体内不能自己合成，只能从饲料中得到补充。蛋鸡通过从体外摄取类胡萝卜素后，将其储存于体内脂肪中，产蛋时再将储于脂肪中的类胡萝卜素转移至输卵管以形成蛋黄。在饲料中补充富含类胡萝卜素的添加剂，则可实现增加蛋黄颜色和营养的目的。试验和生产经验表明，添加以下天然物质，对于提高蛋黄色泽具有显著效果：

（1）万寿菊　采集万寿菊花瓣，风干后研成细末，在鸡饲料

中可使蛋黄呈深橙色，又可使肉鸡皮肤呈金黄色。

（2）橘皮粉　将橘皮晾干磨成粉，在鸡饲料中添加 2%～5%，可使蛋黄颜色加深，并可明显提高产蛋量。

（3）三叶草　将鲜三叶草切碎，在鸡饲料中添加 5%～10%，可节省部分饲料，蛋黄增色显著。

（4）海带或其他海藻　含有较高的类胡萝卜素和碘，粉碎后在鸡饲料中添加 2%～6%，蛋黄色泽可增加 2～3 个等级，且可产下高碘蛋。

（5）万年菊花瓣　在开花时采集花瓣，烘干后粉碎（通过 2 毫米筛孔），按 0.3% 的比例添加饲喂；松针叶粉：将松树嫩枝叶晾干粉碎成细颗粒，在鸡饲料中添加 3%～5%，不仅有良好的增色效果，并可提高产蛋率 13% 左右。

（6）胡萝卜　取鲜胡萝卜，洗净捣烂，按 20% 的添加量饲喂。

（7）栀子　将栀子研成粉，在鸡饲料中添加 0.5%～1%，可使蛋黄呈深黄色，提高产蛋率 6%～7%。

（8）苋菜　将苋菜切碎，在鸡饲料中添加 8%～10%，可使蛋黄呈橘黄色，且能节省饲料和提高产蛋量 8%～15%。

（9）南瓜　将老南瓜剁碎，在鸡饲料中掺入 10%，增加蛋黄色泽。

（10）玉米花粉　取鲜玉米花粉晒干，按 0.5% 的添加量添加饲喂。

（11）红辣椒粉　在鸡饲料中添加 0.3%～0.6% 的红辣椒，可提高蛋黄、皮肤和皮下脂肪的色泽，并能增进食欲，提高产蛋量。

（12）聚合草　刈割风干后粉碎成粉，在鸡饲料中添加 5%，可使蛋黄的颜色从 1 级提高到 6 级，鸡皮肤及脂肪呈金黄色。

值得注意的是，以上添加的均为天然植物，多为中草药。生产中可根据当地资源酌情添加。但千万不可添加人工合成的色素类物质，过量添加，对人体有害。

32. 如何降低鸡蛋中的胆固醇含量？

由于人类摄入胆固醇含量过高会诱发一系列的心血管疾病，因此降低鸡蛋中的胆固醇含量成为提高鸡蛋品质的重要标准之一。铬是葡萄糖耐受因子的组成成分，参与胰岛素的生理功能，在机体内糖脂代谢中发挥重要作用。研究表明，铬能显著提高蛋鸡产蛋率，并使卵黄胆固醇水平显著下降，铬的作用机制是通过增加胰岛素活性，促进体内脂类物质沉积，减少循环中的脂类，从而降低血浆和蛋黄中的胆固醇含量，添加量以 0.8 毫克 / 千克为最佳水平。

笔者研究发现，采食的青草越多，鸡蛋中的胆固醇含量越低。这是由于青饲料中含量大量的粗纤维，粗纤维在肠道内与胆固醇结合而影响其吸收，使之通过粪便排出。

笔者研究发现，饲料或饮水中添加微生态制剂，可有效降低鸡蛋中胆固醇的含量。使用笔者研发的生态素，在饮水中添加 0.3%，鸡蛋中胆固醇可降低 20% 以上。微生态制剂可以抑制胆固醇合成过程中重要的限速酶 3- 羟 -3- 甲基戊二酰辅酶 A（ HMG 一 CoA ）的活性，从而有效阻止胆固醇的合成。

据资料介绍，复方中草药可以有效降低鸡蛋中的胆固醇含量。比如，党参 80 克，黄芪 80 克，甘草 40 克，何首乌 100 克，杜仲 50 克，当归 50 克，山楂 100 克，白术 40 克，桑叶 60 克，桔梗 50 克，罗布麻 80 克，菟丝子 50 克，女贞子 50 克，麦芽 50 克，橘皮 50 克，柴胡 50 克，淫羊藿 70 克，共为细末，拌入 500 千克饲料中，连续饲喂。其中，党参、黄芪、甘草、白术为补气药，党参能延缓衰老，具有抗缺氧作用，黄芪也能抗衰老，并对血糖有双向调节作用，能降低血脂。甘草能加速胆固醇的代谢，白术有抗衰老作用；何首乌、当归为补血药，何首乌能降低血清中的胆固醇，当归有降低血脂作用；杜仲、菟丝子、淫羊藿为补肾壮阳药，杜仲能降低血清中的胆固醇，减少其吸收；菟丝子、淫羊藿均能降低血脂抗衰老；桑叶、桔梗、橘皮为止咳化痰药，桑叶能排除体内胆固醇，降血脂，桔梗、橘皮均有降血脂抗衰老的作用；山楂、麦芽能健胃消食，山楂具有明显降低血脂和减轻动脉粥样硬化作用。罗布麻能显著降低实验性高脂血症的发生，并可降低血清中的胆固醇。

此外，还有寡聚糖、类黄酮物质、植物固醇、微量元素铜、铬和钒等也有一定作用。

33. 如何提高鸡蛋中微量元素含量？

鸡蛋中微量元素种类很多，意义比较大的有硒和碘，也就是高硒蛋和高碘蛋的生产。

硒是保护体细胞膜的酶不可缺少的组成成分，也是日粮蛋白质、碳水化合物和脂肪有效利用的必需物。硒可使家禽体内的蛋氨酸转化为胱氨酸，蛋是硒含量的最好指示物，一般蛋鸡日粮硒的用量为 0.10～0.15 毫克/千克。添加高剂量的有机硒，可有效提高鸡蛋中硒的含量。

①据陈忠法（2004）等报道，选取 46 周龄的罗曼商品代蛋鸡 600 只，随机分成 4 组，1 组为对照（基础日粮，按照常规添加 0.3 毫克/千克无机硒，来源于亚硒酸钠，不添加有机硒），试验 2、3、4 组在基础日粮中分别再添加 0.2、0.4、0.6 毫克/千克有机硒（来源于赛乐硒）。试验期 35 天。试验结果表明，1 组、2 组、3 组和 4 组鸡蛋中硒的含量分别为（微克/克）0.114、0.167、0.304、0.463，比对照组分别提高了 46.5%、166.7% 和 294.7%，同时显著提高了蛋黄中维生素 E 的含量。

②饲料中添加有机碘和无机碘制剂，均可提高鸡蛋中碘的含量。碘制剂在全价饲料中的浓度在 72.5～145 毫克/千克时，既可提高产蛋性能和饲料转化率，又可提高鸡蛋中的碘含量，对鸡的体重没有影响。如果碘浓度增加到 290 毫克/千克时，生产性能呈下降趋势。

③据笔者试验，在饲料中添加 3%～5% 的海藻粉，可有效提高鸡蛋中碘的含量。添加 5% 海藻粉的蛋黄中碘的含量达到 33.12 微克/克，是对照组碘含量（4.05 微克/克）的 8.2 倍，同时可增加蛋黄颜色，降低鸡蛋黄中的胆固醇含量。

34. 鸡蛋风味物质有哪些？

鸡蛋具有营养丰富，风味独特，适口性好等优点，深受消费者喜爱。随着人们生活水平的提高，人们对食品需求不仅仅满足量的供应，更重视安全性、营养性和风味。

什么是风味呢？美国风味化学学会（1969）对风味的定义为，人以口腔为主的感觉器官对食品产生的味觉、嗅觉、痛觉、触觉等的综合感觉。风味的形成取决于所含风味前体物质及其相互作用，风味的描述和评价则涉及消费者生理、心理、嗜好等主观因素。目前已检测到鸡蛋中的风味物质有醇、脂肪烃、醛、酮、芳香族、呋喃类、硫化物、萜类等 8 类物质。改变饲粮组成，可致鸡蛋中风味前体物质含量及组成变化，所呈风味也有所不同。关于鸡蛋风味的描述，往往局限于人们对鸡蛋的直接感受，比如鲜鸡蛋味（腥味）、陈鸡蛋味、贮存味、鱼腥味、臭鸡蛋味、大蒜味、洋葱味、水果味、金属味、酸味、辣味、硫黄味等。

鸡蛋的风味物质，生鸡蛋和熟鸡蛋也不相同。据研究，生鲜鸡蛋仅有蛋腥味，其挥发性风味物质主要包括吡啶、吡嗪、吡咯、噻唑等含氮杂环化合物、醛类和茚满类等。热加工后，呈味物质的数量、种类都远高于鲜鸡蛋。学者分别从熟化后的全蛋、蛋黄和蛋清分离鉴定出了 36、39 和 33 种风味物质，而生鸡蛋蛋黄和蛋清中仅检测出 8 种和 18 种。熟鸡蛋的香味主要来自烷基芳香族、腈类和酮类等挥发性物质，其前体物质主要有脂肪酸、氨基酸、色素、羟基酸（合成烯萜类物质）、单糖和糖苷。醛类气味阈值较低，对风味贡献大，主要由缬氨酸的降解和脂肪酸的氧化产生；芳香族化合物多具有香味，主要由葡萄糖或类胡萝卜素的热降解产生。由糖类和脂肪产生的羰基化合物，通过与氨基酸或蛋白质发生美拉德反应产生杂环化合物：吡嗪类、吡咯类、噻吩类、噻唑类、呋喃类、萜类和具有鸡蛋特征气味的硫化物以及硫胺素的降解物。

35. 哪些因素影响鸡蛋风味？

我们希望吃到风味鲜美的鸡蛋，不希望鸡蛋的自然风味受到不良影响。那么，影响鸡蛋风味的因素主要有哪些呢？

生产过程中，对鸡蛋风味影响的因素主要是饲料，饲粮组成直接影响鸡蛋品质和风味。林下养鸡的鸡蛋风味较佳，不过要注意补充饲料的原料选择。

（1）鱼粉和鱼油　产蛋鸡饲喂鱼粉或鱼油后的鸡蛋风味，如发霉、不新鲜、腐臭和鱼腥味等。鱼粉中氧化三甲胺（TMAO）含量（约4.9克/千克）较高，TMAO在鸡体肠道微生物作用下氧化为带有鱼臭味的三甲胺（TMA），沉积于鸡蛋中引起异味。鱼粉或鱼油中n-3PUFAs的腐败是引起鸡蛋风味下降的另一因素。n-3多不饱和脂肪酸（n-3 PUFAs）氧化过程中产生的过氧化物易于再次氧化或分解，进而产生如短链醛、酮类等副反应产物和其他氧化产物，破坏鸡蛋的风味。不同鱼粉和鱼油对鸡蛋风味的影响不同，这是由于不饱和脂肪酸的组成和含量不同所致。延长饲粮贮存时间会引起鱼粉或鱼油中不饱和脂肪酸和蛋白质等营养物质的氧化，氧化产物沉积于鸡蛋中，也影响鸡蛋风味。

（2）菜籽饼（粕）　菜籽饼（粕）极易诱发鱼腥味鸡蛋产生，饲粮中去除菜籽饼（粕）后，蛋鸡不再产鱼腥味鸡蛋。菜籽饼（粕）中的芥子碱（0.8%～3.0%）是三甲胺（TMA）的前体物，饲粮中添加3%菜籽粕就能导致鸡蛋产生鱼腥味；双低菜籽饼粕不产鱼腥味蛋的最大添加量为7%，10%的各类菜籽粕均可致鸡蛋产生鱼腥味。一般采食含菜籽饼（粕）饲粮 5 天后，便可检测到鱼腥味鸡蛋。易感型蛋鸡对菜籽饼（粕）比氯化胆碱更为敏感，这是因为胆碱的吸收主要在小肠前段，当吸收达到饱和且有足量的胆碱到达盲肠时，肠道菌才能代谢产生 TMA；而芥子碱在肠道前段不被吸收，直到到达盲肠才释放出胆碱。

菜籽饼（粕）中含有硫代葡萄糖苷、单宁、芥子碱等多种抗营养因子，都直接或间接对鸡蛋风味产生影响。

（3）其他植物源饲料　一些富含 n-3PUFAs 的植物，如大麻籽、亚麻籽、微藻（HMA）等，在生产 n-3 PUFAs 富集鸡蛋时，会影响鸡蛋的风味和香气。饲粮中添加亚麻籽 1%～2%，不影响鸡蛋的感官性状，而高添加量（10%～20%）会产生异味鸡蛋，比如鱼腥味或类似油漆味。饲喂含等量 n-3 PUFAs（4%）的亚麻籽或鱼油饲粮，亚麻籽组鸡蛋的风味显著优于鱼油组。鸡蛋中油酸、n-3 PUFAs、γ-亚麻酸和硬脂酸等脂肪酸与风味相关。蛋黄中油酸的含量越大鸡蛋的风味越差，n-3 PUFAs、γ-亚麻酸和硬脂酸的含量越高其风味越好。而大麻籽及其油中，对鸡蛋风味不利的油酸等脂肪酸含量较少。

（4）抗氧化剂　产蛋鸡饲粮中添加维生素 E、维生素 C 能够降低蛋黄过氧化值，减少鸡蛋酸败的异味。蛋黄的脂质氧化产物主要是饲料氧化产物的直接沉积，在贮存过程中鸡蛋脂质未进一步氧化。因此，维生素 E 主要通过防止饲粮中脂肪酸的氧化，改善鸡蛋风味。添加 10 单位 / 千克维生素 E 即可使鸡蛋不产生异味的亚麻籽最大添加量由 10% 提高至 20%；但较高水平的维生素 E（100 单位 / 千克）却降低了鸡蛋的可接受性，可能是因为维生素 E 在低含量时具有抗氧化作用，而高含量则表现促氧化作用。

此外，添加一些植物或植物提取物（如牛至、百里香、姜黄和迷迭香）能显著提高鸡蛋的氧化稳定性，改善鸡蛋风味。它们是通过降低蛋黄中丙二醛含量，或通过提高抗氧化酶活性降低蛋

黄过氧化值，改善鸡蛋风味。

36. 如何改善鸡蛋风味？

风味是指食品特有的味道和风格。绿色的食品具有良好的风味不仅有助于人体健康，而且可提高食欲，使消费者感觉是一种美的享受。

鸡蛋有其固有的风味，若在饲料或饮水中添加一定的物质（对鸡体和人类健康无害），可以增加其风味，或改变其风味，使之成为特色鲜明、风味独特的食品。国内一些学者进行了大量的试验，结果介绍如下：

①郭福存等利用沙棘果渣等组成的复方添加剂饲喂蛋鸡，能明显增加蛋黄颜色，且可以改善鸡蛋风味。

②李垚等在 54 周龄亚发商品代蛋鸡饲料中添加 1% 中草药添加剂（芝麻、蜂蜜、植物油、益母草、淫羊藿、熟地黄、神曲、板蓝根、紫苏）饲喂 42 天，可降低破蛋率，使蛋味变香，蛋黄色泽加深，延长产蛋期。

③据张玉海（2011）试验，饲料中添加 5% 花椒籽有明显改善鸡蛋风味的作用。

④赵丽娜（2008）等报道，日粮中添加 10% 亚麻籽＋5% 去皮双低菜籽可用于高富集量 n-3 多不饱和脂肪酸鸡蛋的生产。

37. 如何提高鸡肉风味？

随着生活水平的提高，人们对食品风味和质量的要求也越来越高。而风味已经成为食品质量的重要指标之一。食品的风味往往是由食品的香味和滋味表现出来，通过刺激人类感官而引起的化学感觉。"风味"在一定程度上决定人们对食品的选择和接受，因此生态养鸡必须重视鸡肉的风味。在提高肌肉风味方面通常是以中草药添加剂来实现的。方法有：

①日本静冈县县立大学药学院和县中小家畜试验场及茶叶试

验场，用秋冬茶下脚料粉末按 3% 添加到肉仔鸡饲料中，35 天的试验结果表明，添加茶叶的试验组鸡肉较对照组的肉质嫩，味道鲜美。

②韦凤英等在日粮中添加与风味有关的天然中草药、香料（如党参、丁香、川芎、砂姜、辣椒、八角）及合成调味剂、鲜味剂（主要含谷氨酸钠、肌苷酸、核苷酸、鸟苷酸等）等饲喂后期肉鸡，结果发现其肌肉中氨基酸及肌苷酸含量明显提高，从而增进其肌肉风味。

③宁康健等取杜仲、黄芪、白术等中药，按等量比例配伍饲喂鸡，试验结果表明可提高肉鸡肌肉中粗蛋白质含量与肌肉中脂肪的沉积能力，从而提高肌肉的营养价值和风味，改善肉品质。

④黄亚东等用生姜、大蒜、辣椒叶、艾叶、陈皮、小茴香、花椒、桑叶、车前草、黄芪、甘草、神曲和葎草等 13 味中草药制成中草药饲料添加剂，并与益生菌添加剂结合配制成益生中草药合剂饲喂鸡，试验结果表明，鸡肉风味具有天然调味料的浓郁香味，口感良好，味道纯正，综合效益良好。

⑤郭晓秋在试验中添加 0.4% 女贞子水提取物，结果显著改善了鸡肉的嫩度。

⑥陈国顺等试验表明，添加 0.3% 中草药饲料添加剂的肉鸡肌肉综合评分最高，其嫩度、口感、多汁性和汤味均处于最优水平。

⑦聂国兴用大蒜、辣椒、肉豆蔻、丁香和生姜等饲喂肉鸡，可以改善鸡肉品质，使鸡肉香味变浓。邵淑丽等将沙棘嫩枝叶粉添加到鸡日粮中，结果发现，沙棘嫩枝叶可提高鸡肉中氨基酸和蛋白质的含量，改善鸡肉品质，并能增强动物机体免疫能力。

⑧泰国农业专家经试验证明，在鸡的饲料中加入大蒜，可使鸡肉的香味变得更浓，且对鸡的生长不会产生任何不良影响。

⑨杨雪娇研究结果表明，芦荟和蜂胶作为饲料添加剂，具有提高蛋白质的代谢率、胸肌率、腿肌率和降低腹脂率的作用，从而改善了鸡肉品质。

⑩郝园丽等以青脚麻鸡为研究对象，日粮中添加3%蝇蛆干能提高鸡肉中粗蛋白质、氨基酸、鲜味物和挥发性香味物质的含量，对于生产营养风味俱佳的青脚麻鸡具有一定的促进作用。

⑪赵建闯（2007）外源风味物质核苷酸、谷氨酸钠等可以提高鸡肉风味物质含量。

⑫袁君等（2008）试验表明，枸杞园内放养乌骨鸡对于提高鸡肉风味有明显效果。

38. 林下养鸡如何补料？

补料是指林下放养时期，人工补充精饲料。林下养鸡，仅仅靠树下自由觅食天然饲料是不能满足其生长发育需要的。无论是大雏鸡（生长期）、后备期，还是产蛋期，都必须补充饲料。但应根据鸡的日龄、生长发育、草地类型和天气情况来决定。

（1）补料时间　何时补料好？似乎意见比较统一：傍晚补料效果好。这是由于：①早晨和傍晚是鸡食欲最旺盛的时候。如果早晨补料，鸡采食后就不愿意到远处采食，影响全天的野外采食量。中午鸡的食欲最低，是休息的时间，应让其得到充分的休息；②傍晚鸡的食欲旺盛，可在较短的时间内将补充的饲料采食干净，防止撒落在地面的饲料被污染或浪费；③鸡在傍晚补料，可根据一天采食情况（看嗉囊的膨胀程度和鸡的食欲）便于确定补料量。如果在其他时间补料，难以准确判断补料数量是否合理；④鸡在傍晚补料后便上栖架休息，经过1夜的静卧歇息，肠道对饲料的利用率高；⑤傍晚补料可配合信号的调教，诱导鸡回巢，减少窝外鸡。

（2）补料形态　饲料形态可大体分为粉料、粒料（原粮）和颗粒料。粒料即未经加工破碎的谷物，如玉米、小麦、高粱、谷子、稻子等；粉料即经过加工粉碎的（单一、配合的或混合）原粮；颗粒料是将配合的粉料经颗粒饲料机压制后形成的颗粒饲料。从鸡采食的习性来看，粒状是理想的饲料形态。

①**粉料**　优点是加工费用较低，经过配合后营养较全面，鸡采食的速度慢，所有的鸡都能均匀采食。其适于各种日龄的鸡。但其缺点更为突出。一是鸡不喜欢粉状饲料，采食速度慢，不利于促进其消化液的分泌。尤其是放牧条件下，每天傍晚补料1次，如果在较长时间内不能将饲料吃完，日落后不方便采食。如果在傍晚前提前补料，将影响鸡在野外的采食；二是粉料容易造成鸡的挑食，使鸡的营养不平衡；三是投喂粉料必须增加料槽或垫布等饲具。而大面积野外养鸡，饲具有时难以解决。四是野外投喂粉料容易被风吹飞扬散失，也容易采食不净而造成一定浪费。如果投喂粉料，细度应在 1～2.5 毫米。如果太细，鸡不容易下咽，适口性更差。

②**粒料**　容易饲喂，鸡喜欢采食，消化慢，故耐饥饿，适于傍晚投喂。其最大缺点是营养不完善，不宜单独饲喂。

③**颗粒饲料**　适口性好，鸡采食快，不易剩料和浪费，可避免挑食，保证了饲料的全价性。在制作颗粒饲料过程中，短期的高温使部分抗营养因子灭活，破坏了部分有毒成分，杀死了一些病原微生物，饲料比较卫生。但其也有一些缺点，如加工成本高，一部分营养（如维生素）受到一定程度的破坏等。但从总体来说，颗粒饲料的优点是主要的，尤其是对于肉用公鸡的后期育肥，效果更好。

（3）**补料数量**　育雏期采取自由采食的方法，与笼养鸡基本相同，仅仅是在饲料的配合上增加青饲料。放养期根据草地情况酌情掌握补料量。根据我们的实践，以太行鸡为例，补料量应随着日龄和体重的变化逐渐增加。在一般草地的补料情况参考表6-9。

表 6-9　太行鸡日补料量和体重参考表

周　龄	只日补料量（克）	周末平均体重（克）
0～5	自由采食	228
6～7	20～25	410
8～11	30～35	675
12～16	40～45	1 100
17～20	45～50	1 500

39. 为什么说补料次数不宜过多？怎样补料更科学？

很多人问：鸡在林下放养时期每日补充几次饲料好？是否次数越多越好？为此，笔者进行了大量的生产调查，并做了多次试验，结论如下：补料次数越多，效果越差。

有的鸡场每日补料 3 次，甚至更多，这样使鸡养成了等、靠、要的懒惰恶习，不到远处采食，每日在鸡舍周围，等主人喂料。我们观察发现，越是在鸡舍周围的鸡，尽管它获得的补充饲料数量较多，但生长发育最慢，疾病发生率也高。凡是不依赖喂食的鸡，生长反而更快，抗病力更强。

对此，笔者做过简单的试验。在相似地块不同的鸡群（均为同批孵化的 80 日龄生长鸡），补料次数分别为 1 次（下午 5 时左右）、2 次（中午和傍晚）和 3 次（早、中、晚各 1 次）。喂料数量每只每日分别为 27 克、30 克和 33 克。试验 1 个月后发现，无论是生长速度，还是成活率，喂料 3 次不如 2 次，2 次不如 1 次。因此，补充饲料的次数以每日 1 次为宜，特殊情况下（如下雨、刮风、冰雹等不良天气难以保证鸡在外面的采食量），可临时增加补料次数。而一旦天气好转，应立即恢复每日 1 次。

40. 林下养鸡产蛋期补料量如何确定？

林下产蛋期精料补充量的多少，受很多因素的影响，主要是鸡种、产蛋阶段和产蛋率、草地状况和饲养密度。

（1）品种 地方品种的鸡，有的地方也叫土鸡。这种鸡的觅食力较强，觅食的范围较广，产蛋性能较低，一般补料量较少；而现代配套鸡系在优越的环境下培育而成，习惯于笼内饲养，对野外生存环境的适应性较差，自由寻找食物的能力远不如本地柴（土）鸡。因此，饲料补充量应该多些。

（2）产蛋阶段和产蛋率 产蛋高峰期需要的营养多，饲料的补充量自然增加多。非产蛋高峰期补充饲料量少些。生产中发现，同样的鸡种、同一产蛋日龄，但产蛋率差异很大。有的高峰期产蛋率80%左右，而有的仅仅40%。因此，对于不同的鸡群饲料的补充量不能千篇一律，应根据鸡群的具体情况而灵活掌握。

（3）林下草地状况和饲养密度 林下养鸡主要依靠其自身在草地采食自然饲料，精料补充料仅是营养的补充。而采食自然饲料的多少，主要受到树下草地状况和饲养密度的影响。当草地的可食牧草很多，虫体很多，饲养密度较低，基本可以满足鸡的营养要求时，每日仅少量补充饲料即可。否则，饲养密度较大，草地可供采食的植物性饲料和虫体饲料较少，那么主要营养的提供需人工补料。在这种情况下，必须增加补料量。

（4）补料原则 在生产中，具体的补充饲料数量可根据以下情况灵活掌握：

①看蛋重增加趋势 初产蛋很小，太行鸡一般只有35克左右，2个月后蛋重达到42～44克，基本达到柴鸡蛋标准。开产后蛋重在不断增加，每千克鸡蛋平均23～24个，说明鸡营养适当。营养不足时鸡蛋的重量小，每个鸡蛋不足40克，这说明鸡养得不好，管理不当，营养不平衡，补料不足。

②看蛋形 柴鸡蛋形圆满，大小端分明。若蛋大端偏小，大小两头没有明显差异，说明营养不良。这样的鸡蛋往往重量小，与补料不足有关。

③看产蛋时间分布 大多数鸡产蛋在中午以前，上午10时

左右产蛋比较集中，12 时之前产蛋占全天产蛋的 75% 以上。如果产蛋不集中，下午产蛋的较多，说明饲料补充不足。

④**看产蛋率上升趋势** 开产后产蛋上升很快，在 2 个多月、最迟 3 个月达到产蛋高峰期（柴鸡 60% 以上，现代鸡 65% 以上），说明营养和饲料补充得当。如果产蛋率上升较慢、波动较大，甚至出现下降，可能在饲料的补充和饲养管理上出现了问题。

⑤**看鸡体重变化** 开产时应在夜间抽测鸡的体重。产蛋一段时间后，如鸡体重不变或变化不大，说明管理恰当，补料适宜。如鸡体过肥，是能量饲料过多的表征，说明能量、蛋白质的比例不当，应当减少能量饲料比例。但是，笔者通过几年的观察，在草地放养条件下，除了停产以外，很少出现鸡体过肥现象。如鸡体重下降，说明营养不足，应提高补料质量和增加补料数量，以保持良好的体况。

⑥**看食欲** 每日傍晚喂鸡时，鸡很快围聚争食，说明食欲旺盛，鸡对营养的需求量大，可以适当多喂些。若来得慢，不围聚争食抢食，说明食欲差或已觅食吃饱，应少喂些。

⑦**看行为** 如果鸡群正常，没有发现相互啄食现象，说明饲料配合合理，营养补充满足。如果出现啄羽、啄肛等异常情况，说明饲料搭配不合理，必需氨基酸比例不合适，或饲料的补充不足。应查明原因，及时治疗。

为了探讨产蛋期太行鸡的适宜补料量，笔者进行了有关试验。

试验表明，在果园里草场状况较好的情况下，产蛋鸡每只每日精饲料的补充量以 70 克为宜。由于本试验是在产蛋后期进行，尽管每日 70 克的补料量获得较好效果，但总体产蛋水平较低（试验之前其产蛋率始终较低，在 30% 左右徘徊），如果鸡群状况较好和非产蛋末期，其效果会更好。

41. 林下养蛋鸡对光照有何要求？产蛋期如何控制光照？

蛋鸡在林下放养，人们很容易忽视光照的控制。其实，正如蛋鸡笼养一样，光照对放养鸡是同等重要的。

蛋鸡每日的光照时数和光照强度对其生产性能有决定性的作用，即对蛋鸡的性成熟、排卵和产蛋等均有影响。原因在于：一般认为禽类有两个光感受器，一个为视网膜感受器即眼睛，另一个位于下丘脑。光线的刺激经视神经叶的神经到达下丘脑；另外，光线也可以直接通过颅骨作用于松果体及下丘脑。下丘脑接受刺激后分泌促性腺素释放激素，这种激素通过垂体门脉系统到达垂体前叶，引起卵泡刺激素和排卵激素的分泌，促使卵泡的发育和排卵。发育的卵泡产生雌激素，促使母鸡输卵管发育和第二性征显现。排卵激素则引起母鸡的排卵。

以往小规模家庭蛋鸡散养，任其自然环境中生长，不另外补光，即自然光照，靠天收。这样，产蛋随季节而剧烈变化。一般为春季开产，夏季歇窝（抱窝），秋季换毛，冬季停产。因而，产蛋量很低。规模化蛋鸡生态放养，要改变传统的养殖模式，人工控制环境，以便获得较高的生产效果。

林下养蛋鸡，光照控制应做好以下工作：

（1）**熟悉当地自然光照情况**　我国大部分地区自然光照情况是冬至到夏至期间日照时间由短逐渐变长，称为渐长期。从夏至到冬至期间由长逐渐缩短，称为渐短期。应从当地气象部门获取当地每日光照时间资料，以便制定每日的光照计划。

（2）**光照原则**　在生产实践中，每日自然光照时间不足需人工光照补足。光照时间的基本原则是育成期光照时间不能延长，产蛋期光照时间不能缩短。一般产蛋高峰期每日光照时间控制在16小时即可，再增加光照时间的意义不大。

（3）**补光方法**　一般多采取晚上补光，配合补料和光照诱虫一举多得。也可以采取两头补光，即早晨和傍晚两次将光照时间达到设计程序规定时数。对于产蛋高峰期的鸡多采取这种方法。即一次补充饲料不能满足产蛋高峰期需要的情况下，两次补料。即早晨补充全天的 1/3 或 2/5，傍晚补充全天的 2/3 或 3/5。

（4）注意的问题　人工补充光照，应尽量使光照基本稳定，促使产蛋性能相应提高。增加光照时间不要突然增加，应逐渐完成。补光程序一经固定下来，就不要轻易改变。

针对产蛋鸡的光照要求，可参考种鸡的光照程序（表6-10、表6-11）。

表6-10　北纬30°～39°地区建议光照程序

出雏月份/周	1～13	14	16	18	20	22	24	26	28	30～68
1月	自然光照至22周					16小时				
2月	自然光照至18周			16小时						
3月	自然光照至18周			15小时		16小时				
4月	自然光照至18周			15小时		16小时				
5月	自然光照至14周	14小时		15小时		16小时				
6月	自然光照至14周	14小时		15小时		16小时				
7月	自然光照	12小时		13小时	14小时	15小时	16小时			
8月	自然光照	12小时		13小时	14小时	15小时	16小时			
9月	自然光照	12小时		13小时	14小时	15小时	16小时			
10月	自然光照至30周									16小时
11月	自然光照至28周								16小时	
12月	自然光照至26周						16小时			

表 6-11　北纬 40°～45° 地区建议光照程序

出雏月份/周	1～13	14	16	18	20	22	24	26	28	30～68
1 月	自然光照				16 小时					
2 月	自然光照	16 小时								
3 月	自然光照	15 小时	16 小时							
4 月	自然光照	15 小时	16 小时							
5 月	自然光照	15 小时	16 小时							
6 月	自然光照	13 小时	14 小时	15 小时	16 小时					
7 月	自然光照	12 小时	13 小时	14 小时	15 小时	16 小时				
8 月	自然光照	12 小时	13 小时	14 小时	15 小时	16 小时				
9 月	自然光照	12 小时	13 小时	14 小时	15 小时	16 小时				
10 月	自然光照	12 小时	13 小时	14 小时	15 小时	16 小时				
11 月	自然光照									16 小时
12 月	自然光照					16 小时				

程序举例：3 月份出雏的雏鸡，在我国中部北纬 30°～39° 地区饲养，可按照表中 3 月份出雏的程序执行，即自然光照到 17 周末，然后每日光照至 15 小时到 21 周末，22 周开始，每日光照时间为 16 小时，直至淘汰。

42. 高产和低产鸡的外部表现有区别吗？

鸡群中产蛋性能和健康状况有很大差别，特别是一些地方品

种的鸡，缺乏系统选育，无论是体型外貌，还是生产性能，相差
悬殊。如果将低产鸡、停产鸡、僵鸡，以及软脚、有病的鸡及早
淘汰，将高产健康的鸡选留后继续饲养，不仅生产性能进一步提
高，而且可以消耗较少的饲料，承受更小的风险，获得更大的
效益。

（1）产蛋高低的鉴别　淘汰低产鸡首要的问题是怎样鉴别高
产和低产或停产鸡、健康与患病鸡。我国养鸡工作者在生产实践
中积累了丰富的经验，即根据表型与生产性能的相关性，鉴别高
产与低产、优与劣。

①产蛋鸡眼睛明亮有神，鸡冠、肉髯大而红润、富弹力，用
手触之有温暖的感觉，开产后鸡冠倒向一侧（现代培育品种）。
低产鸡一般眼神迟钝，鸡冠小而萎缩，苍白无光泽，以手触之有
凉的感觉。

②产蛋鸡的肛门宽大，湿润、扩张；停产鸡的肛门干燥而收
小，无弹性。

③高产鸡腹部容积大，触摸皮肤细致柔软有弹性，两耻骨末
端柔软有弹性。低产鸡或停产鸡腹部容积小，触摸皮肤粗糙发硬
无弹性，两耻骨末端坚硬。

④产蛋鸡耻骨之间分开有伸缩性，可放入 3 个手指；停产鸡
耻骨固定紧贴，难以放入 2 个手指。

⑤产蛋鸡羽毛蓬松稀疏，比较粗糙、干燥；不产蛋鸡羽毛
光滑，覆盖较严密，富有光泽、丰满。高产鸡换羽晚但换羽速度
快，而低产鸡换羽早但换羽速度慢。

⑥高产的现代白色鸡种开产以后皮肤的黄色素从肛门、眼
睑、耳朵、喙、脚（从脚前到脚后）、膝关节依次褪色，低产鸡
或停产鸡褪色较慢或仍为黄色。停产约 3 周的鸡喙呈黄色，停产
约 10 天的鸡喙的基部呈黄色。

⑦种鸡在产蛋配种季节看不到背部有与公鸡交配时踩踏的痕
迹，而外表又很肥胖的多为低产鸡或停产鸡。

⑧低产鸡活动异常灵活、快捷而不易捕捉；而高产鸡却较温顺，活动不多，易捕捉。

⑨产蛋鸡出窝早，归窝晚，采食勤奋；不产蛋鸡相反，饮食位置不固定，常来回走动，随意性较大。

⑩每日早晨看粪便，粪便干呈细条状的为低产鸡（不产蛋鸡消化慢，消化道变形）。粪便松软成堆、量多的为高产鸡。

⑪常趴窝不下蛋，也不抱窝，用手探摸，腹部无蛋，尤其是下午 4 时以后仍在蛋箱中，不愿采食的鸡为寡产鸡或停产鸡。

⑫卵巢退化，功能紊乱，出现性变异而雄性化、同时啼鸣者为低产鸡或停产鸡。

（2）低产、停产鸡形成的原因

①因种蛋品质或其他原因形成的弱雏，在育雏、育成期未能跟上其他鸡，体重小、瘦弱、卵巢和输卵管发育不充分；

②育成期群体太大，管理不细，强弱未分群，使部分鸡生长发育受阻；

③在自然光照长的季节培育后备鸡，往往使鸡性成熟过早，提前开产，引起产蛋疲劳和早衰；

④部分鸡因卵黄性腹膜炎、马立克氏病、传染性支气管炎、血液原虫病及其他寄生虫病等的侵害，造成停产或低产；

⑤因难产脱肛或被其他鸡啄肛，失去正常产蛋能力。

43. 产蛋高峰期饲养管理应该注意什么？

林下放养条件下，鸡获得的营养较笼养少，而消耗的营养较笼养鸡多。加之，管理不如笼养那样精细，因此其产蛋率较笼养鸡低（一般低 15% 或以上）。在饲养管理不当的情况下，很可能没有明显的产蛋高峰（放养太行鸡产蛋高峰应达到 60% 以上）。为了达到较高而稳定的产蛋率，出现长而明显的产蛋高峰，应注意以下几个问题：

（1）保证营养水平 对于林下养鸡而言，其活动量很大，消

耗的热量多，因此饲料的补充能量占据非常重要的位置，应该是首位的；此外，还应满足蛋白质，特别是必需氨基酸、钙、磷、维生素 A、维生素 D、维生素 E 的需要。

（2）增加补料量　试验表明，不同的饲料补充量，鸡的产蛋率不同。随着补料量的增加，产蛋性能逐渐提高。根据笔者研究，在一般草场放养，产蛋高峰期，每只鸡每日精料补充量以 70～90 克为宜。

（3）保持环境稳定、安静　产蛋高峰期最忌讳应激，特别是惊吓，如陌生人的进入、野生动物的侵入、剧烈的爆炸声和其他噪声等而造成的惊群。

（4）保持清洁卫生　产蛋高峰期也是蛋鸡最脆弱的时期，容易感染疾病或受到其他应激因素的影响而发病，或处于亚健康状态，影响生产潜力的发挥。因此，应搞好鸡舍卫生、饮水卫生、饲料卫生和场地卫生，消除疾病的隐患。

（5）严防啄癖　产蛋高峰期，由于光照、环境不良或营养不足，可能出现个别鸡互啄（啄肛、啄羽等）现象。如果发现不及时，被啄的鸡很快被啄死。因此，应认真观察，及时隔离被啄鸡，并予以治疗。如果发生啄癖的鸡比例较高，应查明原因，尽快纠正。

44. 怎样淘汰低产鸡？

（1）淘汰低产鸡的时间　一般来说，发现低产鸡可及时淘汰。但对于规模化鸡场而言，集中淘汰可安排 2～3 次：

第一次淘汰时间可安排在产蛋高峰初期（即 28 周龄左右），此时可将一些因生理缺陷或发育差未开产的鸡进行淘汰。特别是在青年鸡阶段一些鸡因患某些疾病（如支气管炎），其生殖器官严重受损而发育不良，其终生将不能产蛋。

第二次淘汰时间可安排在产蛋高峰过后（43 周左右）。高产鸡经过产蛋高峰之后产蛋率逐渐下降，但其产蛋曲线并非陡降，而是稳中有降。而低产鸡产蛋率下降严重，也有一些鸡已经停产。

第三次淘汰可在第二个产蛋年，即产蛋 1 周年左右进行，一般为 72～73 周龄。此期结合人工强制换羽，将没有饲养价值的鸡淘汰，选留部分优良鸡经过强制换羽后，继续饲养一段时间，挖掘其遗传潜力。

（2）淘汰方法 准确选择低产鸡是淘汰的关键。很多有经验的饲养员采用费工但非常有效的手段。夜间手持手电筒，连续 3 天触摸鸡的腹部，凡是子宫内有蛋的鸡在其腿部系一个布条。经过 3 天的检测，凡是有 2～3 个布条的鸡全部保留，没有布条的鸡全部淘汰，只有 1 个布条的酌情处理。这种方法尽管笨了些，但是非常可靠。

淘汰作业必须在夜间进行，一般由两个人同时操作。其中一个人熟悉淘汰技术，另一人持手电筒并进行捉鸡。鸡一看到灯光就会抬起头来，通过观察其鸡冠、羽毛、触摸其腹部等，或根据腿部标记的布条，将被淘汰的鸡轻轻捕捉，放在专用鸡笼内，集中运走。

（3）注意事项 淘汰鸡的工作要细致，操作动作轻，小心谨慎，防止惊群。在淘汰鸡的前 2 天和后 2 天，在饮水中添加抗应激剂（一般用电解多维），以降低淘汰过程对鸡群的影响。一般来说，淘汰鸡后的 1～2 天，鸡群的产蛋率略有下降，但很快恢复，并且产蛋率有个新的高峰（淘汰低产鸡和停产鸡的缘故）。

45. 地方品种鸡为什么抱窝？如何催醒？

抱性，即就巢性，俗称抱窝，属禽类繁殖后代的一种正常生理现象。就巢性的强弱与品种类型有直接关系。一般来说，现代培育品种将鸡的抱性基因去除了，而多数地方品种仍然保留其抱窝的本性。我国本地鸡的就巢率很高，比如原太行鸡和乌鸡的就巢率高达 60% 以上，严重影响鸡群体的产蛋水平。

就巢的发生与鸡体内激素变化有关，即下丘脑 5- 羟色胺活性增强，腺垂体催乳素分泌增加的结果。

一般来说，母鸡就巢与季节和气温有关。也就是说，有利于鸡孵化，即繁衍后代的气候条件，就容易发生抱窝现象。多发生在春末夏秋。同时，环境因素也会诱发就巢性。幽暗环境和产蛋窝内积蛋不取，可诱发母鸡就巢性。一旦一只鸡出现抱窝，其声音和行为对其他鸡有诱导作用。

我国科技工作者和养鸡生产者，在长期的试验和实践中，探索了很多治疗鸡抱窝的方法，积累了丰富的经验，下面列举一些，供生产中参考：

（1）**丙酸睾酮法**　每只鸡肌内注射丙酸睾酮 5～10 毫克，用药后 2～3 天就醒抱，1～2 周后即可恢复产蛋。丙酸睾酮可抑制和中和催乳素，使体内激素趋于平衡而醒抱。

（2）**异烟肼法**　按就巢母鸡每千克体重 0.08 克异烟肼口服，一般一次投药可醒抱 55% 左右；对没有醒抱的母鸡翌日按每千克体重 0.05 克再投药 1 次。第二次投药后醒抱可达到 90%，剩下的返巢母鸡第三天再投药 1 次，药量也为每千克体重 0.05 克，可完全消除返巢现象。异烟肼醒抱就巢母鸡，实际上是利用大剂量异烟肼所产生的中枢兴奋作用。其作用机制是异烟肼可与鸡体内的维生素 B_6 结合，造成维生素 B_6 缺乏，导致谷氨酸生成 γ- 氨基丁酸受阻，使中枢抑制性递质 γ- 氨基丁酸减少，产生中枢兴奋作用。当出现异烟肼急性中毒时，可内服大剂量维生素 B_6 以解毒，并配合其他对症治疗。

（3）**三合激素法**　三合激素（即丙酸睾酮、黄体酮和苯甲酸雌二醇的油溶液），对抱窝母鸡进行处理，按 1 毫升 / 只肌内注射，一般 1～2 天即可醒抱。

（4）**水浸法**　将抱窝母鸡用竹笼装好或用竹栏围好，放入冷水中，以水浸过脚高度。如此 2～3 天，母鸡便可醒抱。其原理在于鸡在水中加速降温和增加环境应激，抑制催乳素的分泌。

（5）**悬挂法**　将抱窝母鸡放入笼中，悬吊在树上，并使鸡笼不断地左右摇摆，很快促使其醒抱。

（6）**易地法**　将抱窝母鸡放入另一鸡群中，改变生活环境。由于环境陌生，并受到其他鸡追逐，可促使母鸡醒抱。

（7）**电感应刺激法**　以12伏低电压刺激抱窝母鸡，即将电极一端放入鸡口腔内，另一端接触鸡冠齿。触电前在鸡冠上涂些盐水，然后通电10秒钟，间歇10秒钟后，再通电10秒钟。经数次刺激后母鸡便可醒抱，并在醒抱后7～10天便可恢复产蛋。

（8）**解热镇痛法**　服用安乃近或复方阿司匹林，取0.5克安乃近或0.42克复方阿司匹林，每鸡1片喂服，同时喂给3～5毫升水，10小时内不醒抱者再喂1次，一般15天后即可恢复产蛋。

（9）**硫酸铜法**　每只鸡注射20%硫酸铜注射液1毫升，促使其脑垂体前叶分泌激素，增强卵巢活动而离巢。

（10）**针刺法**　用缝衣针在其冠点刺，脚底深刺2厘米，一般轻抱鸡3天后可下窝觅食，很快恢复产蛋，若第三天仍没有醒抱，按上法继续进行3次就可见效。

（11）**酒醉法**　每只抱窝鸡灌服40°～50°白酒3汤匙，促其醉眠，醒酒后即可醒抱。

（12）**灌醋法**　趁早晨空腹时喂抱窝鸡1汤匙醋，到晚上再喂1次，连续3～4天即可。

（13）**清凉解热法**　早、晚各喂人丹13粒左右，连用3～5天。

（14）**盐酸麻黄素法**　每只抱窝鸡每次服用0.025克盐酸麻黄素片，兴奋其中枢神经，若效果不明显，第三天再喂1次，效果很好。

（15）**剪毛法**　把抱窝鸡大腿、腹部、颈部、背部的长羽毛剪掉，翅膀及尾部羽毛不剪。这样，鸡很快停止抱性，且对鸡的行动没有影响，1周内可恢复产蛋。

（16）**复合药物法**　将冰片5克，己烯雌酚2毫克，咖啡因1.8克，大黄苏打片10克，氨基比林2克，麻黄素0.05克，共

研细末，加面粉 5 克、白酒适量，搓成 20 粒丸，每只每日喂服
1 粒，连喂 3～5 天。

（17）感冒胶囊法　发现抱窝母鸡，立即分早、晚各 1 次口
服速效感冒胶囊，每次 1 粒，连服 2 天便可醒抱。醒抱后的母鸡
5～7 天就可产蛋。

（18）磷酸氯喹片法　每日 1 次，每次 0.5 片（每片 0.25 克），
连服 2 日，催醒效果在 95% 以上。用 1～2 粒盐酸喹宁丸有同样
效果。

（19）清凉降温法　用清凉油在母鸡脸上擦抹，注意不要抹
入眼内；热天还可以将鸡用冷水喷淋或直接浸浴 3～4 次（每
日），以降低体温，促其醒抱。

46. 鸡为什么会在窝外产蛋？怎样减少窝外蛋？

生产中发现，一些鸡不去人们给它准备的产蛋窝产蛋，偏偏
将蛋产在窝外，这是怎么回事？要搞清这个问题并降低窝外蛋的
产生，需要注意以下几个问题。

（1）根据产蛋习性，创造适宜条件

①喜暗性　鸡喜欢在光线较暗的地方产蛋，产蛋箱应背光放
置或遮光，产蛋箱要避开光源直射。

②色敏性　禽类的视觉较发达，能迅速识别目标，但对颜
色的区别能力较差，只对红、黄、绿光敏感。有研究认为，母鸡
喜欢在深黄色或绿色的产蛋箱内产蛋，如果产蛋箱颜色能与此一
致，则效果较好。

③定巢性　鸡的第一个蛋产在什么地方，以后仍到此产蛋，
如果这个地方被别的鸡占用，宁可在巢门口等候而不愿进入旁边
的空巢，在等不及时往往几只鸡同时挤在一个产蛋箱内，这样就
发生等窝、争窝现象，相互争斗和踩破鸡蛋，斗败的鸡就另寻去
处或将蛋产在箱外。另外，等待时间过长会抑制排卵、推迟下次
排卵而减少产蛋量。

④**隐蔽性** 鸡喜欢到安静、隐蔽的地方产蛋，这样有安全感，产蛋也较顺利。因此，产蛋箱设置要有一定的高度和深度，鸡进入其中隐蔽性较好，能免受其他鸡的骚扰，饲养员在操作中要轻、稳，以免弄出突然的响声惊吓正在产蛋的鸡，而产生双黄蛋等异常现象。

⑤**探究性** 母鸡在产第一个蛋之前，往往表现出不安，寻找合适的产蛋地点。在临产前爱在蛋箱前来回走动，伸颈凝视箱内。认好窝后，轻踏脚步试探入箱，卧下左右铺开垫料成窝形。离窝回顾，发出产蛋后特有的鸣叫声。因此，种鸡蛋箱的踏步高度应不超过40厘米。

（2）**解决好垫料问题** 垫料对鸡的产蛋行为和蛋的外在质量有重大影响。包括垫料的颜色、垫料卫生和垫料厚度等。

①**垫料颜色** 研究表明，垫料颜色影响鸡的窝外蛋。产蛋鸡对垫料的颜色有选择性。国外的有关科学家进行了较细致的研究。他们的调查表明，褐色的垫料比橘黄色、白色和黑色的同样垫料更喜欢。于是他们以褐色垫料为标准对照组，以绿色、灰色和黑色为对照，试验设计中采用交错排列，保证了所有的产蛋箱位置有均等的代表性。在整个40周的产蛋过程中，对每个产蛋箱中母鸡的产蛋数做为期11周的记录。至49周龄时将产蛋箱垫料的颜色排列顺序颠倒过来，记录停止2天后继续进行，在记录1周后（50周），每隔4周记录1次每个产蛋箱中的产蛋总数。

研究结果表明，与标准褐色垫料相比，仅灰色垫料明显地受母鸡偏爱，在49周龄和50周龄之间进行垫料位置变换的前后，这种优势都明显存在。

在此试验的基础上，他们又专门比较了褐色和灰色两种垫料，以便比较各自窝外蛋的百分率。正如所预料到的，开产时在灰色垫料产蛋箱中产蛋的母鸡产较少的窝外蛋，而用于对照的褐色垫料组表现出较高的窝外蛋百分率。另外，奇怪的是，在灰色垫料产蛋箱中产蛋的母鸡产蛋总数增加（窝内蛋与窝外蛋总和），并且表现出较好的饲料转化率（整个 40 周龄）。分析认为，这种增加可能有两个原因，一种是由于窝外蛋的减少，将所有的鸡蛋全部收集，没有遗漏损失；还有一种可能是母鸡找到了更适宜自己的产蛋环境而产较多的蛋。

②**垫料卫生和垫料厚度**　鸡产出的蛋首先接触的便是产蛋窝内的垫料，因而要保证产蛋箱内垫料干燥、清洁，无鸡粪。由于刚产出的蛋表面比较湿润，蛋自身湿度与舍温温差较大，表面细菌极易侵入，因此必须及时清除窝内垫料中的异物、粪便或潮湿的垫料，经常更换新的经消毒的疏松垫料。垫料的厚度大约为产蛋窝深度的 1/3，带鸡消毒时应对产蛋箱一并喷雾消毒。防止舍内垫料潮湿和饮水器具的跑冒漏现象，增加舍内湿度。

（3）合理设置产蛋箱　产蛋箱的多少、位置、高度等，对鸡的产蛋行为和鸡蛋的外在质量有较大影响。

①**产蛋箱数量**　产蛋箱数量少，容易造成争窝现象，久而久之使争斗的弱者离开而到窝外寻找产蛋处。因此，配备足够数量的产蛋窝很有必要。由于本地鸡或放养鸡的产蛋率较低，产蛋时间较分散，可每 5 只母鸡配备 1 个产蛋窝。

②**产蛋箱摆放**　产蛋箱分布要均匀，放置应与鸡舍纵向垂直，即产蛋箱的开口面向鸡舍中央。蛋箱应尽可能置于避光幽暗的地方。要遮盖好蛋箱的前上部和后上部。开产前将产蛋箱放在地面上，鸡很容易熟悉和适应产蛋环境，而且避免了部分母鸡在产蛋箱下较暗的地方做窝产蛋。产蛋高峰期再将蛋箱逐渐提高，此时鸡已经形成了就巢产蛋习惯，便不产地面蛋了。

③**产蛋箱结实度**　产蛋是鸡繁衍后代的行为，它喜欢在最安全的地方产蛋或将蛋产在最安全的地方。如果产蛋箱不稳固，将影响其在窝内产蛋。应使产蛋箱具有吸引力，使它认为是产蛋最可靠的地方。产蛋箱应维护良好，底板结实，安置稳定，母鸡进、出产蛋箱时不应摇晃或活动。进、出产蛋箱的板条应有足够的强度，能同时承受几只鸡的重量。

④**产蛋箱的诱导使用** 训练母鸡使用产蛋箱是放养蛋鸡的一项基础性工作。为了诱导母鸡进入产蛋箱，可在里面提前放入鸡蛋或鸡蛋样物——引蛋（如空壳鸡蛋、乒乓球等）。鸡进入产蛋期后，饲养人员应经常在棚架区域内走动。早晨是母鸡寻找产蛋地点的关键时期，饲养员在舍内走动时密切关注母鸡的就巢情况。较暗的墙边、角落、台阶边、棚架边、钟形饮水器下方和产蛋箱下方比较容易吸引母鸡去就巢。饲养员应小心地将在这些地点筑窝的母鸡放到产蛋箱内，最好关闭产蛋箱，使其熟悉和适应这个产蛋环境，不再到其他地点筑窝。如果母鸡继续在其他地点筑窝，必要时可以用铁丝网进行隔开。通过几次干预，母鸡就会寻找比较安静的产蛋箱内产蛋。发现地面或其他非产蛋箱处有蛋，应及时捡起。

（4）**注意捡蛋和蛋的处理** 能否及时捡蛋对蛋的污染程度和破碎率的影响很大，最好是刚产下时即捡走，但生产中捡蛋不可能如此频繁，这就要求捡蛋时间、次数要制度化。大多数鸡在上午产蛋，第一次和第二次的捡蛋时间要调节好，尽量减少蛋在窝内的停留时间。一般要求每日捡蛋 3～4 次，捡蛋前用 0.1% 新洁尔灭溶液洗手消毒，持经消毒的清洁蛋盘捡蛋。捡蛋时要净污分开，单独存放处理。在最后 1 次收集蛋后要将窝内鸡只抱出。

捡蛋时应将那些表面有垫料、鸡粪、血污的蛋和地面蛋单独放置。在鸡舍内完成第一次选蛋，将砂壳蛋、钢皮蛋、皱纹蛋、畸形蛋，以及过大、过小、过扁、过圆、双黄和碎蛋剔出。

47. 脏蛋是怎样产生的？怎样处理脏蛋？

林下养鸡，鸡蛋的内在品质优于笼养。笔者用太行鸡做了多次比较试验，也得到了众多试验的验证。但是，不可否认的是，林下养鸡如果管理不善，处理不当，所产鸡蛋的外在品质存在很多问题，特别是蛋壳较脏，被严重污染，极大地影响鸡蛋的视觉效果和保存期，间接影响内在品质。

　　根据我们调查，脏蛋是由于鸡蛋表面沾污了鸡粪、垫料和泥土等。其主要原因：一是鸡舍卫生不良；二是饮水外溢，环境潮湿，通风不良；三是产蛋窝不科学，窝外蛋较多；四是垫料较少，污浊；要减少脏蛋，应该从卫生、干燥、垫草和产蛋窝入手。

　　有的人发现鸡蛋表面有污物，用湿毛巾擦洗。这样做似乎鸡蛋干净了，其实破坏了鸡蛋的表面保护膜，使鸡蛋更难以保存。这是鸡蛋处理最忌讳的事情，千万注意！对有一定污染的鸡蛋，可先用细砂布将污物轻轻拭去，并对污染处用0.1%百毒杀溶液进行消毒处理。对于表面污染严重的鸡蛋，要及时拣出，不可作为优质鸡蛋出售。

48. 如何检验林下鸡蛋的新鲜度？

　　检验鸡蛋的新鲜度，可通过以下几种方法：

　　（1）**感官鉴别**　用眼睛观察蛋的外观形状、色泽、清洁程度。新鲜鸡蛋，蛋壳干净、无光泽，壳上有一层白霜，色泽鲜明。陈旧蛋，蛋壳表面的粉霜脱落；壳色油亮，呈乌灰色或暗黑色，有油样浸出；可有较多的霉斑。

　　（2）**手摸鉴别**　把蛋放在手掌心上翻转。新鲜蛋蛋壳粗糙，重量适当；陈旧蛋，手掂重量轻，手摸有光滑感。

　　（3）**耳听鉴别**　新鲜蛋相互碰击声音清脆，手握蛋摇动无声。陈旧蛋蛋与蛋相互碰击发出嘎嘎声（孵化蛋）、空空声（水花蛋），手握蛋摇动时是晃荡声。

　　（4）**鼻嗅鉴别**　用嘴向蛋壳上轻轻哈一口热气，然后用鼻子嗅其气味。新鲜蛋有轻微的生石灰味。

　　（5）**照蛋鉴别**　用专门的照蛋器，或用一箱子，上面挖一个小洞，箱子里放一盏灯泡，将需要检验的鸡蛋放在小洞上，通过从下射出的灯光观察鸡蛋内的结构和轮廓。

　　新鲜鸡蛋一般里面是实的，没有气室形成。而陈旧鸡蛋气室已经形成。放的时间越长，气室越大；新鲜鸡蛋呈微红色、半透明、蛋黄轮廓清晰。而陈旧鸡蛋发污，较浑浊，蛋黄轮廓模糊。

49. 群众反映林下养鸡有什么好处？

林下养鸡好处很多，概括起来有以下几点：

（1）消灭害虫，增强鸡体健康　作物和果树在生长期间有不少害虫，而鸡群在农田和果园内活动可捕捉这些害虫。一般来说，害虫是以蛹的形式在地下越冬，而羽化后变为成虫，从地面飞到树上。在其刚刚羽化还不具备坚强的飞翔能力时，即可被鸡采食。

据原阳县林业局时留成报道，4周龄左右的小鸡，每日可捕食大量的金龟子、蝼蛄、天牛等害虫，1只1年生以上的成年鸡，每日可捕食各类大小害虫近2800条。按每亩10只鸡的数量在果园放养，便可以控制果园虫害。同时，减少果园喷打农药，使果品少受化学污染，提高果品质量。另据调查，由于在果园中放养的鸡，捕食肉类害虫，蛋白质、脂肪供应充分，所以生长迅速，较常规农家庭院养殖生长速度快33%，日产蛋量多18%，而且节约饲料成本60%以上。昆虫不仅仅含有高质量的动物蛋白，同时其体内含有抗菌肽，鸡采食之后增强抗病能力。实践表明，凡是采食较多昆虫的鸡，其体质健壮，发病率低，生长发育速度快，生产性能高。

据赵国明，杨世俭报道，在果园放养了100只鸡，在试养中发现，鸡具有刨土习性，特别是本地的老品种鸡效果更好。它们在果园中吃虫卵，也吃幼虫，还具有追逐捕食成虫的习性，同时对有些怕惊的害虫成虫具有驱逐作用。他们在养鸡的果园调查发现，每株树上有金龟子3.1头、桃小食心虫2.5头、星毛虫2.1头；而未养鸡的果园同期调查，每株树上有桃小食心虫83.6头、金龟子75.1头、梨星毛虫101.8头，虫口密度远远高于养鸡果园数倍。同时，对虫果率进行调查，养鸡果园虫果率为3.66%，而未养鸡的几个果园虫果率分别为 21%、30.5% 和 46%，都明显高于养鸡的果园。

（2）减少农药使用，有利于无公害生产　由于鸡采食大量的害虫，结合人工诱虫，使虫害发生率大幅度降低。因此，凡是养鸡的果园和农田，虫害均较轻，农药的喷施量和喷施次数减少，果和粮棉内农药残留降低，对于提高品质、增加销售价格和人体健康均有好处。

（3）鸡食野草，鸡粪肥田　鸡群在农田和果园里活动，除了捕捉一定的害虫以外，主要采食果田内的杂草，起到了除草机的作用。而其排出的粪便直接肥田，为果树和作物的生长提供优质的有机肥料。

（4）天然隔离，降低疾病传播　农田和果园是天然的屏障，对于降低疾病的传播和发生起到重要作用。农田或果园内空气新鲜，环境优越，加之捕捉采食昆虫的协助抗病作用，因而在这样环境下养的鸡，疾病的发生率很少。

（5）遮阴避暑，避雨阻鹰　果园内庞大的树冠，农作物的茎叶也形成了较大太阳接受面，在炎热季节起到遮阴避暑作用，风雨天可遮风挡雨。尤其是老鹰在郁闭的农田和果园内难以发现目标，有助于鸡躲避鹰的袭击。因此，发生鹰害的可能性较其他草地要少得多。

50. 搞好林下养鸡的关键点是什么？

尽管林下养鸡有很多优点，但是，在一些问题上处理不好，会影响放养鸡的生长，甚至造成严重后果。主要注意以下几个问题：

（1）分区轮牧　视林地大小将其分成若干个小区并设置围网，进行逐区轮流放牧。这样，一方面可避免因果园防治病虫害时喷洒农药而造成鸡的农药间接中毒；另一方面，轮流放牧有利于牧草的生长和恢复。此外，因放牧范围小，便于气候突变时的管理。

根据以往的经验，只要果园内养鸡，虫害发生率很低，适量的低毒农药喷洒，对鸡群不进行隔离，一般不会发生问题。但为了安全，将果园划分成几个小区，小区间用尼龙网隔开。每个小区轮流喷药，而鸡也在小区间轮流放牧，喷药 7 天后再放牧。

（2）**捕虫与诱虫结合**　林下养鸡，由于树冠较高，影响了对害虫的自然捕捉率。要起到灭虫降低虫害发生率和农药施用量、进行生态种养的目的，应将鸡自然捕虫和灯光诱虫相结合。

（3）**慎用除草剂**　鸡在果园内的主要营养来源是地下的嫩草。因此，在果园内养鸡，其草必须保留，不能喷施除草剂。否则，没有草生长，鸡将失去绝大多数营养来源。

（4）**注意鸡群规模和放养密度**　果园或林地内可食营养是有限的，鸡群规模大、密度大，会造成过牧现象，使鸡舍周围的土地寸草不长，光秃一片，甚至被鸡将地面刨出一个个深坑。鸡舍在果园均匀分布，合理规模，是充分利用果园进行生态养殖不可忽视的技术问题。

51. 南方椰子园养鸡成功的经验有哪些?

据陈思婷等（2008）报道，为了探讨椰园养鸡的经济效益和生态效益，他们开展了"椰园养鸡对椰园生态及其经济效益的影响"研究，历经 3 年系统测定，获得大量的数据和成果。

（1）**椰园状况和鸡的选择**　所选用的养鸡椰园为 15 年生的结果矮种椰子，株行距 6 米×8 米，每公顷种 210 株，平均相对光强 31%，椰子正常开花结果，已进入盛产期。试验鸡种为海南文昌鸡。试验地点设在海南省文昌市椰子研究所试验基地内，试验时间为 2004 年 1 月至 2006 年 12 月共 3 年，椰园土壤为滨海沙土，土壤中有机质含量低、较贫瘠，微酸性（pH 值 5～6）。

（2）**试验分组情况**　为了得出具有说服力的数据，他们设置 3 个组：椰园养鸡组、椰园正常管理组和椰园不管理（对照）组。

①**椰园养鸡组**　在试验的椰园内采用椰林下放养式饲养文昌鸡，适量补充饲料，每天早、中、晚各补充饲料 1 次，其余时间让鸡群在椰园内自由采食，夜间在简易鸡舍栖息。放养密度为7 500 羽 / 公顷，每年饲养 2 批，每年共养鸡 15 000 羽 / 公顷。养鸡的椰园不再进行施肥、除草、扩穴、病虫害防治等生产管理。

②**正常管理椰园组**　对椰园进行正常的施肥、除草、扩穴等生产管理，但不进行病虫害防治，每年每株椰子施有机肥（干鸡粪或羊粪）50 千克、复合肥 2 千克，每年椰园控高草 2～3 次，扩穴 1～2 次。

③**不管理椰园（对照）组**　椰园内不进行任何施肥、除草、扩穴、病虫害防治等生产管理，让椰子自生自长。

（3）测定项目和方法　①采用随机抽样调查法，每年调查记录当年新抽椰子叶片数和椰子产果量，每个处理调查椰子 90 株，每个重复 30 株；②试验第三年，分春季、秋季 2 次调查试验椰园椰子病虫草发生危害情况，并采集椰子病虫草标本进行室内分类鉴定；③每年采样分析与测定椰树叶片、椰园土壤营养状况，采用对角线取样法，每个重复取样点 7 个，椰树叶片采样采摘第14 片叶、土壤挖取 0～20 厘米和 20～40 厘米土层土壤，样品分别混匀后测定其养分含量；④每年详细记录椰子生产、养鸡的经济投入与产出情况。

（4）试验结果

①**椰园养鸡对椰树叶片生长的影响**　椰园养鸡能明显促进椰子叶片的生长。试验 3 年中，随着时间的延长，养鸡椰园和正常管理椰园的椰树年平均新抽叶片数呈稳步增加趋势，而不管理椰园却呈逐步减少趋势。尤其是第三年，即 2006 年，养鸡椰园和正常管理椰园的椰树年均新抽叶片数显著高于不管理椰园，养鸡的椰园最高，为 13.58 片；其次为正常管理的椰园，为 13.25 片；不管理椰园最低，为 8.72 片。

②**椰园养鸡对椰树产果量的影响**　试验 3 年中，随着时间

的延长，养鸡椰园和正常管理椰园的椰树年均产果量均呈明显增加趋势，而不管理椰园却呈明显减少趋势。到了第三年（2006年），养鸡椰园和正常管理椰园的椰树年均产果量显著高于不管理椰园，养鸡椰园最高，为80.2千克；其次为正常管理椰园，为76.4千克；最低是不管理椰园，仅有24.5千克。

③椰园养鸡对椰园病虫草发生的影响　3年后，椰园养鸡的病虫草害明显降低（表6-12）。

表 6-12　试验 3 年后椰园的病害虫草发生情况

处　理	害虫种类 / 种	红棕象甲发生率 /%	二疣犀甲发生率 /%	病害种类 / 种	叶斑病发生率 /%	煤污病发生率 /%	杂草种类 / 种	杂草存活率 /%
不管理组	36.2	4.78	9.47	9.2	12.78	11.44	18.1	58.93
管理组	30.2	3.53	6.39	8.6	10.45	9.38	11.8	45.26
养鸡组	27.0	2.12	4.86	8.3	9.36	7.29	6.2	28.72

④椰园养鸡对椰树叶片养分的影响　3年后，养鸡椰园的椰树叶片中有6种大量元素（氮、磷、钾、钠、镁、钙）的含量均显著高于不管理椰园，而正常管理椰园的椰树叶片有4种大量元素（氮、钠、镁、钙）的含量显著高于不管理椰园；但是，椰树叶片中的微量元素铁、锰、铜、锌含量，各处理间差异不显著（表6-13）。

表 6-13　试验椰园的椰子叶片营养含量 （单位：克 / 千克、毫克 / 千克）

处　理	氮	磷	钾	钠	镁
不管理组	17.0	1.6	4.6	2.1	1.2
管理组	17.6	1.7	4.4	2.4	1.4
养鸡组	18.6	1.9	4.9	2.5	1.6

续表 6-13

处　理	Ca	Fe	Mg	Cu	Zn
不管理组	3.5	71.3	55.2	8.1	16.3
管理组	4.4	74.2	59.8	8.0	15.7
养鸡组	4.5	79.1	56.1	8.2	16.1

（5）椰园养鸡对椰园土壤养分的影响　3年后，在0～20厘米的土壤养分中，3种处理间的有机质、速效磷、速效钾含量均达到显著水平，其中养鸡椰园的有机质、速效磷、速效钾含量最高，其次是正常管理椰园，最低是不管理的椰园。在20～40厘米的土壤养分中，养鸡椰园的速效磷、速效钾含量最高，其次是正常管理椰园，不管理的椰园含量最低（表6-14）。

表 6-14　试验椰园的土壤养分含量（单位：克／千克、毫克／千克）

土　层	处　理	有机质	氮	磷	钾
0～20厘米	不管理组	6.1	0.31	28.5	24.5
	管理组	7.4	0.36	78.9	42.7
	养鸡组	8.2	0.35	100.5	78.3
20～40厘米	不管理组	5.9	0.2	20.4	20.5
	管理组	6.0	0.2	47.9	38.2
	养鸡组	6.0	0.2	50.2	74.5

（6）椰园养鸡对椰园经济效益的影响　3年中的总投入，不管理椰园为0元／公顷，正常管理椰园为22 050元／公顷，养鸡椰园为652 500元／公顷；试验3年中的总产出，不管理椰园为30 397.5元／公顷，正常管理椰园为55 912.5元／公顷，养鸡椰园为1 105 440元／公顷。扣除管理成本后，3年获得经济收益中，养鸡椰园最高，为145 440元／公顷；其次是正常管理椰园，为33 862.5元／公顷；最低是为管理椰园，为30 397.5元／公顷。

总之，该研究以充分的数据说明，利用椰园空旷的林下空间与良好的生态环境进行放养鸡，使鸡在椰园内自由啄食椰树害虫和园内杂草，既可以降低治虫治草成本，又可以节省饲料和提高鸡的肉质。另外，鸡粪是一种优质有机肥，直接排泄在园内，既可以改良椰园土壤结构与提高肥力，又可以降少椰园生产投入和提高椰树产果量，还可以增加单位面积椰园的经济效益，可谓一举多得。

52. 葡萄园养鸡成功的经验有哪些？

据郗正林等（2011）报道，围绕生态农业建设这一主题，他们课题组开展了"葡萄园套草养鸡"生态种养技术的研究，通过试验示范和推广，取得了显著的经济效益。

（1）葡萄园套草养鸡的技术构架设计

①**葡萄品种** 套草养鸡的园地以 3 年生以上葡萄为宜，品种以耐湿性较强的欧美种系列品种为主体，1 年生幼龄园一般不宜养殖；园地排灌设施良好，不潮湿。

②**栽培方式** 露地栽培和设施栽培的葡萄园地均可。葡萄的栽培密度以 350 株／亩以下为宜。

③**葡萄架式** 葡萄架式可选用平棚架或"V"形整形双篱壁整形等。该方式葡萄结果的部位较高，特别是新型的 H 形整形、控根栽培模式的园区内拥有大量闲置土地和空间资源，可以有效利用这种种植、养殖环境，结合葡萄园大棚养鸡，养殖过程中可利用棚架遮雨、葡萄叶面遮阴。

④**牧草品种** 牧草品种的选择应考虑鸡的食性、草地的耐踩踏性和持久性，选择矮秆、耐阴、耐贫瘠的优良牧草品种。采用豆科牧草与禾本科牧草混播或季节轮作制度。适宜的豆科牧草如白三叶，禾本科牧草如鸡脚草和冬牧 70 黑麦草。

⑤**牧草种植模式** 3～4 月份可以种植耐荫植物白三叶草或鸡脚草，也可采用白三叶 50%～70% 和鸡脚草 50%～30% 混播的方式；9～10 月份葡萄采收结束，可以种植耐寒植物冬牧 70

黑麦草，有利于优质牧草与杂草的竞争。

⑥**雏鸡品种的选择**　选用适应性强、抗病力强、耐粗饲、勤于觅食的优质鸡品种进行饲养，因其对环境要求相对粗放、活动量大、肉质好、采食能力和抗病力强等优点，比较适合在葡萄园内养殖。

⑦**放养技术**

放牧时间：一般雏鸡在舍内饲养 20 天左右，即可选择晴天放养。初放几天，每日放 2～4 小时，以后逐步延长时间。

放养密度：饲养模式为 120 日龄肉用商品代草鸡，放养密度为 100 羽 / 亩，每年可养殖 2 批，每亩年可养殖 200 羽；饲养模式为 300 日龄蛋肉兼用型草鸡，放养密度以 100 日龄为 100 羽 / 亩，100～300 日龄的放养密度为 50 羽 / 亩为宜。

分区轮牧：用尼龙网限制在小的区域，以后逐步扩大，每放 5～7 天换 1 个区域。气候好，雨水充足，牧草生长快时，可 20 天左右轮牧 1 次；气候差，牧草生长差时，可将轮流放养周期延长为 1 个月左右。

补料技术：30 日龄前喂食全价饲料，30 日龄后逐步转换为玉米粒，可人为地促使鸡群在葡萄园中寻找食物，以增加鸡的活动量，采食更多的有机物和营养物质。可在早、中、晚分 3 次进行补饲，补饲量为日采食量的 80%，早、中各补饲日粮的 20%～25%，天黑前 2 小时补饲完剩余的饲料。补饲时可吹哨或发出其他固定声音，形成条件反射。

⑧**葡萄园养鸡经营模式**

方案一：养殖 120 日龄商品代草鸡。葡萄约于 3 月底 4 月初萌芽，因此以 3 月份进苗育雏为宜。到了 6 月底至 7 月初葡萄开始结幼果，不宜将鸡放入葡萄园内，防止啄食葡萄幼果。此时第一批鸡正好出栏。葡萄成熟期过后，于 9 月底、10 月初至翌年 1 月初可进行第二批鸡的养殖。

方案二：养殖 300 日龄蛋肉兼用型草鸡。由于饲养周期相对较长，所以可于葡萄成熟期过后，9月初进苗育雏，于翌年7月份出栏。避开在葡萄成熟期间的草鸡放养。

⑨**小区划分和牧草种植** 将相同品种的葡萄园划分为4个小区，每个小区亩种植300株葡萄树，分别套种牧草为：A白三叶、B鸡脚草、C黑麦、D清耕，共4个处理。

（2）**项目测定** 2010年，2011年测定有机质含量、土壤水分、产草量、亩产葡萄总量、平均单株葡萄重等。

①**土壤水分的测定** 在7月11日进行，每小区在行间取5个点，每个点按照0～20厘米、20～40厘米、40～60厘米共3个深度取样，用烘干法测定，取平均值。

②**产草量** 在每年的8月份刈割，每亩在行间取5个点，每个点1米^{2}面积，取测定平均值。

③**其余项目** 均在葡萄采收结束后累计统计；有机质的测定取0～20厘米土壤，用重铬酸钾—油浴法测定。

（3）**实施效果**

①**葡萄园放养不同鸡种效果** 项目组在2009年6月份引进了固始鸡、仙居鸡、白耳黄鸡和绿壳蛋鸡4个品种进行适应性饲养试验。各品种鸡饲养管理方式、饲养环境、预防用药、饲料转换均一致。1～21日龄饲喂小鸡料，22～91日龄饲喂肉中鸡料，91日龄上市。0～13周龄，每2周定期空腹称重，计算平均体重及耗料。结果见表6-15。

表6-15 不同品种优质鸡增重情况 （单位：克）

品　种	初生重	2周重	4周重	6周重	8周重	10周重	13周重
固始鸡	32.3	126.7	245.2	456.1	697.3	897.5	1117.7
仙居鸡	29.1	89.3	230.1	268.4	566.0	752.1	952.3
白耳黄鸡	28.9	63.6	174.1	289.8	472.7	719.4	911.2
绿壳蛋鸡	30.9	82.7	194.0	325.6	457.1	656.9	899.4

由上表可见，体重增长速度以固始鸡最快，依次为仙居鸡、白耳黄鸡，绿壳蛋鸡生长速度最慢。

不同品种鸡饲料消耗情况见表6-16。

表6-16 不同品种鸡饲料消耗情况

品　　种	上市体重/克	平均耗料/克	料重比
固始鸡	1117.7	3330.7	2.98∶1
仙居鸡	952.6	3115.0	3.27∶1
白耳黄鸡	911.2	3016.1	3.31∶1
绿壳蛋鸡	899.4	2929.1	3.26∶1

由上表可知，上市体重与饲料消耗呈正相关，与料重比呈负相关。综合效果依然是以固始鸡最佳，依次为仙居鸡、白耳黄鸡，绿壳蛋鸡。

②土壤有机质、水分和产草量　见表6-17。

表6-17 种草对土壤有机质、水分和产草量的影响

品　种	有机质（克/千克）			水分（%）			产草量（千克/米²）		
	2010	2011	平　均	2010	2011	平均	2010	2011	平均
A	1.27	1.71	1.49	12.23	14.56	13.40	2.3	3.7	3.0
B	1.24	1.60	1.42	13.01	15.12	14.07	2.0	4.2	3.1
C	1.22	1.56	1.39	12.97	14.94	13.96	1.6	3.3	2.45
D	0.87	0.83	0.85	14.43	15.28	14.86	—	—	—

由表6-17可知，在葡萄园养鸡种植不同牧草，其对土壤有机质、水分和产草量有较大影响。有机质含量以种植白三叶草最高，其次为鸡脚草和黑麦，均比清耕含量高。种植牧草对土壤水分有降低的趋势，产草量以鸡脚草、白三叶与之相当，黑麦草最

低。套种草区葡萄树产量均高于清耕对照区，证明套种草养鸡对葡萄没有负面影响，反而是有利的。

③**葡萄产量**　见表6-18。

表6-18　套种草对葡萄产量的影响

小　区	亩产葡萄总量（千克）			平均单株葡萄重（千克）		
	2010	2011	平　均	2010	2011	平　均
A	1 582	1 673	1627.5	5.27	5.58	5.43
B	1 527	1 651	1589.0	5.09	5.50	5.30
C	1 573	1 684	1628.5	5.24	5.61	5.43
D	1 528	1 643	1585.5	5.09	5.48	5.29

从葡萄单位面积产量和单产看，均以种植黑麦草和白三叶草最高，所有套种牧草小区的葡萄产量均高于土清耕组。

④**综合效益比较**　以葡萄园养鸡120天土肉鸡和300天蛋肉兼用鸡两种生产模式，与当时集约化土肉鸡和蛋鸡生产相比较，综合效益见表6-19、表6-20。

表6-19　集约化养殖与葡萄园套草养殖120天肉鸡生产模式
综合效益比较　（单位：只、%、克、元/千克、元）

养殖模式	饲养量	成活率	平均体重	料重比	饲料价格	出售鸡数
集约化	16 000	92.3	1 335	3.02∶1	2.35	14 758
葡园套草	12 000	93.7	1 296	2.56∶1	2.35	11 244

养殖模式	售鸡收入	饲料成本	其他费用	毛利润	只均利润
集约化	295729.2	142969.71	32 000	120759.49	8.20
葡园套草	250642.25	87666.50	19 638	143337.75	12.75

表 6-20　集约化养殖与葡萄园套草养殖 300 天肉蛋兼用鸡生产模式
综合效益比较　（单位：只、%、克、元、千克、元）

养殖模式	饲养量	成活率	平均体重	总产蛋重	只均产蛋	蛋品收入
集约化	5 000	85.7	1 573	435.0	87	304 500
葡园套草	3 000	87.3	1 545	234.0	78	234 009

养殖模式	出售鸡数	售鸡收入	饲料成本	其他费用	毛利润	只均利润
集约化	4 286	215 740	281 065.95	25 000	214 174.05	42.83
葡园套草	2 619	183 330	139 970.80	15 000	262 368.2	87.46

从上面两个表的数据可以看出，无论是 120 天土肉鸡生产模式，还是 300 天肉蛋兼用鸡生产模式，葡萄园套草生产只均利润高于集约化生产。其中 120 天土肉鸡生产模式的只均利润分别为 12.75 元和 8.2 元，高出集约化生产方式 55.49%；300 天肉蛋兼用鸡生产模式的只均利润分别为 87.46 元和 42.83 元，高出集约化生产方式 104.2%。效益可观。

53. 栗园养鸡成功的经验有哪些？

据孟林等（2012）报道，为了提高栗园保水增肥能力，改善园区环境和果品质量等，他们开展了栗园种草放养鸡的试验，并做了系列的土壤肥力、鸡肉品质的测定工作。

（1）试验地概况　试验于 2011 年 5～10 月份在北京爱农养殖基地 4 年生的板栗园内开展，栗树株行距为 6 米×10 米。

（2）试验方法　幼龄板栗园树行间混种籽粒苋和高丹草（1∶1），条播，行距 2 厘米，播种量 22.5 千克/公顷，播后覆土 1～2 厘米，并立即喷灌浇水。于籽粒苋营养期和高丹草拔节期放养 9 周龄北京油鸡，设置两种放养密度，即 2 250 只/公顷（处理Ⅰ）、1 125 只/公顷（处理Ⅱ），以林下光板地不种草区放养 2 250 只/公顷油鸡为对照。小区面积均为 10 米×60 米，每个处理区平均划分 4 个轮换放养小区，每个轮换放养小区面积 10 米 × 15 米。每个小区放养 10 天后移至下一小区，40 天为 1 个轮牧周期，轮牧 2 个周期试验结束。试验组鸡的精料补饲量较对照组的按 15% 比例缩减，并于每日早（7：30～8：00）与晚（18：00～18：30）各补饲精料 1 次，其中对照组早晚补饲量为日粮的 50%，试验组早晚补饲分别为日粮的 40% 和 60%。精料补饲量随鸡的周龄增长而增加，其中 9～10 周龄、11～12 周龄、13～14 周龄、15～17 周龄、18～20 周龄对照组每只鸡的日精料补饲量分别为 47.0 克、51.0 克、54.0 克、56.0 克和 59.0 克，处理组每只鸡的日精料补饲量分别为 40.0 克、43.4 克、45.9 克、47.6 克和 50.2 克。精料补充料的配方及营养含量如下：玉米 61.82%、豆粕 11.96%、麦麸 11.96%、棉籽粕 3.99%、菜籽粕 3.99%、骨粉 1.99%、预混料 3.99%、盐 0.30%，其粗蛋白质含量为 22.02%、粗纤维含量为 4.33%、粗脂肪含量为 10.25%、粗灰分含量为 11.90%、钙含量为 4.37%、磷含量为 0.14%。

每个放养小区配备有干爽、排水良好、防暑保温的彩钢板简易鸡舍（平均每 10 只 / 米^2）、悬挂式喂料桶（平均 10 只鸡 1 个）和壶式饮水器（平均 30 只鸡 1 个）。无雨的天气，白天放养，夜间回鸡舍休息。

（3）主要指标测定　每次轮牧前测定各小区草的地上生物量和除去茎秆的可采食量，测产样方 2 米 × 2 米，重复 3 次，并测定营养成分。第一次放养时草地群落地上生物量（鲜重）平均 1 700.0 克 / 米^2，平均可食部分鲜草产量 1 020.3 克 / 米^2，草群盖度达 95%，平均高度达 45.9 厘米。第二次轮换放养时草地群落地上生物量（鲜重）平均为 1 379.6 克 / 米^2，平均可食部分鲜草产量 554.6 克 / 米^2，草群盖度达 70.8%，平均高度达 30.6 厘米。草地群落粗蛋白质含量 11.92%，粗脂肪 2.57%，粗纤维 27.69%，粗灰分 12.90%，钙 0.43%，磷 0.36%。

放养前、轮牧 1 周期和放养结束时，将所有试验鸡均分别测定体重（称重前禁食 12 小时）。试验结束（20 周龄），每个处理和对照分别选取 10 只鸡，测定其屠宰性能指标（包括屠体重、全净膛重、腹脂重、腿肌重、胸肌重），以及胸肌和腿肌营养成分含量（包括粗蛋白质、粗灰分、粗脂肪、磷、钙、必需和非必需氨基酸、肌苷酸），并计算以下指标：

$$屠宰率 = 屠体重 / 活重 \times 100\%$$

$$全净膛率 = 全净膛重 / 活重 \times 100\%$$

$$胸肌率 = 胸肌重 / 活重 \times 100\%$$

$$腿肌率 = 腿肌重 / 活重 \times 100\%$$

$$腹肌率 = 腹脂重 / 活重 \times 100\%$$

$$料重比 = 每只鸡精饲料日补饲量（克）/ 每只鸡日增重（克）$$

（4）主要结果

①试验鸡肌肉营养成分　板栗园种草后放养北京油鸡较对照能提高胸肌和腿肌的粗蛋白质、粗脂肪、钙、磷和粗灰分含量，但处理 I 的效果更为明显（表 6-21）。

表 6-21　不同放养密度下北京油鸡胸肌和腿肌营养成分的比较　（%）

项　目	营养成分	对　照	处理 I	处理 II
胸　肌	粗蛋白质	22.00	24.54	23.37
	粗脂肪	6.18	7.12	6.93
	粗灰分	1.24	138	1.34
	钙	0.015	0.025	0.02
	磷	0.54	0.59	0.63
腿　肌	粗蛋白质	17.47	19.01	17.88
	粗脂肪	7.24	9.01	8.10
	粗灰分	1.06	1.12	1.34
	钙	0.021	0.042	0.036
	磷	0.29	0.36	0.34

②**试验鸡肌肉氨基酸含量** 试验表明，两个试验组胸肌的必需氨基酸含量分别提高了 17.41% 和 14.57%，腿肌分别提高了 19.58% 和 35.89%，均呈显著差异（$p < 0.05$）。可见，板栗园种草放养北京油鸡可显著提高必需氨基酸的含量。从腿肌的数据可以看出，低密度放养可提高腿肌中氨基酸、必需氨基酸和非必需氨基酸含量（表 6-22）。

表 6-22　不同放养密度下北京油鸡胸肌和腿肌氨基酸含量的比较　（%）

项　目	氨基酸种类	对　照	处理 I	处理 II
胸　肌	必需氨基酸	23.57	28.54	27.59
	非必需氨基酸	37.39	43.98	43.54
	总氨基酸	60.96	72.52	71.13
腿　肌	必需氨基酸	16.31	20.28	25.44
	非必需氨基酸	32.69	32.16	42.11
	总氨基酸	49.00	52.44	67.55

③**试验鸡肌肉肌苷酸含量** 肌苷酸是构成肌肉鲜味的主要成分之一。试验表明，板栗园种草放养北京油鸡能够在一定程度上提高胸肌和腿肌肌苷酸含量，处理 I 提高肌苷酸含量效果更加显著（表 6-23）。

表 6-23　不同放养密度下北京油鸡肌肉肌苷酸含量比较　（%）

鸡肉肌苷酸	对　照	处理 I	处理 II
胸　肌	0.84	1.36	1.01
腿　肌	0.32	0.45	0.38

④**屠宰性能** 试验表明，板栗草地放养北京油鸡，可以提高屠宰性能（表 6-24）。

表 6-24　不同放养密度下北京油鸡屠宰性能比较 （单位：%、克）

指　标	对　照	处理 I	处理 II
活　重	1383.6	1564.3	1486.4
屠体重	1046.1	1222.2	1127.0
屠宰率	75.6	78.1	75.8
全净膛重	726.1	891.3	809.9
全净膛率	52.5	57.0	54.5
腿肌重	159.4	200.4	181.3
腿肌率	11.5	12.8	12.2
腹脂重	17.0	30.7	23.9
腹脂率	17.0	30.7	23.9

⑤**生产效益**　幼龄板栗园种草后放养北京油鸡较传统养殖方法，可以节约精料补饲量和提高日增重（表 6-25）。

表 6-25　不同放养密度下北京油鸡生产效益比较 （单位：克）

周　龄	项　目	对　照	处理 I	处理 II
9～14 周龄	日增重	10.2	11.5	10.9
	日补料量	51.1	43.4	43.4
	料重比	5.0	3.8	4.0
15～20 周龄	日增重	6.3	11.3	9.9
	日补料量	57.5	48.9	48.9
	料重比	9.2	4.3	5.0

　　总之，从上面一系列研究数据可以看出，板栗园种植牧草放养北京油鸡，可以提高鸡肉品质，提高生长速度和屠宰性能，提高必需氨基酸含量和肌苷酸含量，降低补料量，提高养鸡的综合效益。同时，对于改良土壤，提高肥力，为以后板栗产量和质量

的提高奠定了基础。

54. 梨园和枣园养好鸡的经验有哪些？

为了探讨果园养鸡的效果，我们分别在河北沧州市的相关梨园和枣园进行了生态养鸡试验研究。

第一部分在梨园进行，选择立地条件、树的品种（水晶梨）和树龄（9 年生）相同的两个地块，均为 2.13 公顷。试验地块放养太行鸡 2 000 只雏鸡，常规管理，小鸡生长到 1.25 千克以后陆续出售。梨园常规管理。包括浇水和施肥。其区别在于试验组药物使用减少 1/3；第二部分在枣园进行，选择树的品种（沧州小枣）立地条件和树龄相同（14 年生）的两个地块，均为 2.3 公顷。试验组放养太行鸡 2 000 只，其管理同上。两个组不同之处在于试验组少追肥 1 次，减少喷药次数 50%，其他管理完全一样（表 6-26）。

表 6-26   果园养鸡试验设计

项 目	组 别	养 鸡	基 肥	追 肥	叶 肥	农 药
梨 园	试验组	√	√	√	√	少 1/3
	对照组	—	√	√	√	√
枣 园	试验组	√	√	1 次	√	少 1/2
	对照组	—	√	2 次	√	√

分别在 4 月下旬至 5 月下旬选择太行鸡，育雏 5～7 周后转入果园。按程序饲养和免疫，包括温度、湿度、密度、通风和光照的控制等，饲喂商品饲料，自由饮水，自由采食，日喂 5～6 次。在每次喂料时用吹口哨的方式给予信号调教，以便形成条件反射和便于放养期的管理。育雏结束后在果园内放养，并设简易棚舍，每个棚舍 300～400 只。在放养过程中，每日傍晚补料 1 次，根据采食情况确定投喂量。一般每日控制在 35 克以内，

以自由采食野草和果园昆虫为主。体重达到 1.25 千克以上后陆续出售。

无论是梨园还是枣园，均按照常规管理。梨园对照组一个生产季节共计喷洒各种农药 24 次，试验组 16 次，比对照组减少 1/3；枣园对照组一个生产季节共计喷施各种农药 18 次，追肥 2 次。对照组喷药 9 次，减少喷药次数 50%，追肥减少 1 次。

试验期间记录养鸡和果园的生产情况，包括鸡伤亡、各项支出和收入，果园的农药的喷施和施肥情况等。果品收获后，梨园每组随机抽取 200 个进行称重，计算平均单果重。并进行梨园质量的评定，凡虫果和被虫损伤过的、形状不端正的梨均计入不合格果；小枣园每组随机抽取 500 个进行称重，计算平均单果重。进行枣质量的评定。凡是虫果和浆果均列入不合格果（表 6-27）。

表 6-27　果园生产与经济效益统计表

项目	别组	面积（公顷）	管理（次）		果产量和质量（千克，克，%）				亩纯收入（元）
			喷药	追肥	单产	总产	单果重	好果率	
梨园	试验	2.1	16	2	2 430	77 760	204	85	2 887
	对照	2.1	24	2	2 360	75 520	191	79	2 510
枣园	试验	2.3	9	1	1 016	35 560	6.0	90.5	914.4
	对照	2.3	18	2	1 005	35 175	5.8	87.3	854.3

注：梨和枣的收入按照当时当地实际销售价格计算。

梨园试验组好果率达到 85%，较对照组提高 6%；单果重较对照组增加 5 克，提高 6.81%，每亩果增加收入 377 元；枣园试验组好果率达到 90.5%，较对照组增加 3.2%，尤其是虫果率和浆果率降低，单果重较对照增加 0.2 克，提高了 3.44%，每亩枣园增收 60.1 元。

试验中发现，鸡在果园放养过程中，其食物选择的优先序列首先是昆虫，其次为草的嫩尖、嫩叶，在密度适当的情况下，对果树没有破坏。尽管试验组的用药次数大大减少，但由于鸡捕捉了大量的成虫和幼虫，两个试验组果园，没有发现明显的虫害表（6-28）。

表 6-28　养鸡生产与经济效益统计表

组　别	面　积	养鸡效果（只，元）					
		育雏数量	出栏量	总投入	产　出	纯收入	每亩收入
梨　园	32	2 000	1 710	7 600	27 838	20 238	632.44
枣　园	35	2 000	1 758	7 946	27 910	19 962	570.34

梨园和枣园养鸡的出栏率分别达到了 85.5% 和 87.9%，均作为肉仔鸡销售，价格随行就市，梨园鸡平均销售价格每只 16.28 元，枣园鸡出栏每只平均销售 15.88 元。二者每亩养鸡纯增收分别为 632.44 元和 570.34 元。

总效益情况：将养鸡和果树二者收入合计，梨园试验组每亩纯收入 3 519.44 元，较对照组增加收入 1 009.44 元，提高收入 40.22%；枣园试验组每亩纯增收 1 484.74 元，较对照组每亩增收 630.44 元，提高收入 73.80%。

55. 有哪些林地养鸡的成功实例和经验？

林地放养鸡的成功的经验和实例较多，举例如下：

例一：据姚迎波等（2005）报道，山东省嘉祥县造林绿化面积 1.33 万平方千米。为了充分利用林间空地，提高单位面积的收益，他们开展了土鸡养殖（肉用），取得了满意的效果，创造了可喜的经济效益，闯出了一条以林养牧，以牧促林，林牧结合的致富路子。

他们选择销路较好的本地土鸡，在林间隙地建造大棚，育雏 1 个月，然后在林间放牧。以采食林地丰富的自然饲料为主，配合灯光诱虫。尽管在林间放养的鸡比棚内饲养的鸡生长周期长一些，但放养的鸡毛色鲜亮，肉质鲜美，无药物残留，纯属绿色食品，市场价格比棚内饲养的肉鸡每千克高 3 元以上，市场销售旺盛，前景看好。

例二：据施顺昌等（2005）报道，江苏省苏州吴中区各级党委、政府凭借当地丰富的山林资源和区位经济，大力发展林果茶园和山坡地饲养生态草鸡，实施产业化建设，培育和壮大了一批龙头企业。

自 2003 年 3 月份开始，苏州光福茶场尝试茶园养鸡。10 公顷茶园里 1 年出栏 6 万只生态草鸡，饲养效果良好，每只鸡获利 8.2 元。通过茶园生态养鸡，以鸡治虫，以鸡除草，鸡粪还田沤茶树，农药化肥成本由以前的每公顷 2 850 元降至现在的 1 050 元，生产成本（不含人工）降低 74%。苏州光福茶场饲养成功后，吴中区水产畜牧局及时总结经验，召开现场会，加以推广。

他们采取公司＋基地＋农户的模式，充分发挥企业的经济、科技、人才优势，带动周边农民养鸡。目前，农民养鸡，已辐射到周边的 8 个乡镇，共有 105 户农户养鸡，饲养量达 60 万只。他们凭借优良的饲养环境、绿色的产品质量，创造名牌产品，建立销售网络，使该产业蓬勃发展。

例三：据刘皆惠（2004）报道，贵州省织金县地处黔西高原向黔中丘陵的过渡地带，山地、丘陵地占总面积大，农业生产条件差，自然灾害频繁，粮食产量不高。根据当地具体情况，政府实行退耕还林还草工程，既保护了长江中下游的生态建设，又给农民创造了长远的经济来源。但如何解决退得下、稳得住、能致富，是摆在各级干部面前的一大课题。他们根据养鸡投资少，见效快的特点，发展林地肉鸡放养。2002 年全县部分乡镇发展林下草地养鸡 20 多万只，为养鸡户创收 90 多万元，使 400 个农户、1 600 人脱贫致富，人均增收 500 元以上。经过 1 年多的实践，林下养鸡取得成功，并探索出一条坡上种树、树下种草、草地养鸡的成功之路，很好地解决了农民的增收问题，为农业和农村经济结构调整找到了一条有效路子。

56. 普通林地养鸡需要注意什么？

普通林地生态放养鸡需要特别注意以几点：

（1）**分区轮牧，全进全出**　林地养鸡，特别是郁闭性较好的林地，树冠大，树下光线弱，长此以往形成潮湿的地面，鸡的粪便自净作用弱。为了有效地利用林地，也给林地一个充分自净的时间，平时要分区轮牧，全进全出。上一批鸡出栏后，根据林地的具体情况，留有较长一段时间的空白期。

（2）**重视兽害**　树林养鸡，尤其是山场树林养鸡，尽管老鹰的伤害在一定程度上可以降低，但是野生动物较其他地方多，特别是狐狸、黄鼬、獾、老鼠等，对鸡的伤害严重。除了一般的防范措施以外，可考虑饲养和驯养猎犬护鸡。

（3）**谢绝参观**　林地养鸡，环境幽静，对鸡的应激因素少，疾病传播的可能性也少。但应严格限制非生产人员的进入。一旦将病原菌带入林地，其根除病原菌的难度较其他地方要大得多。

（4）**林下种草**　为了给鸡提供丰富的营养，在林下植被不佳的地方，应考虑人工种植牧草。如林下草地质量较差，可考虑进行牧草更新。

（5）**注意饲养密度和小群规模**　根据林下饲草资源情况，合理安排饲养密度和小群规模。考虑林地的长期循环利用，饲养密度不可太大，以防止林地草场的退化。

（6）**重视体内寄生虫病的预防**　长期在林地饲养，鸡群多有体内寄生虫病，应定期驱虫。

57. 山场林地养鸡需要注意什么？

山场林地养鸡应特别注意以下问题：

（1）**山场的选择**　山场林地养鸡必须突出"生态"二字。山场养鸡的提出是基于在山场养羊对生态的破坏，通过养鸡使农民靠山吃山，找到既开发利用山场，又保护山场的途径。实践中发现，并非所有的山场都适合发展养鸡。例如，坡度较大的山场、植被退化、可食牧草含量较少的山场、植被稀疏的山场等均不适于养鸡。因为在这样的环境下，鸡不能获得足够的营养而依靠人工补料，同时为寻找食物而对山场造成破坏。植被状况良好、可食牧草丰富、坡度较小的山场，特别是经过人工改造的山场林地草场最适合养鸡。

（2）饲养规模和饲养密度　根据我们的观察，山场林地养鸡鸡的活动半径较平原农区小，因此饲养的规模和饲养密度必须严格控制。为了获得较好的经济和生态效益，山场林地养鸡的饲养密度应控制在 300 只 / 公顷左右，一般不超过 450 只 / 公顷。一个群体的数量应控制在 500 只以内。调查发现，100～300 只的规模效果最好。因此，可在一个山场增设若干个小区，实行小群体大规模。

（3）补料问题　山场林地养鸡不可出现过牧现象，以保护山场生态。因此，其饲料的补充必须根据鸡每日采食情况而定。如果补料不足，鸡很可能用爪刨食，使山场遭到破坏。

（4）兽害预防　山区野生动物较平原更多，饲养过程中要严加防范。

（5）组织问题　山区交通、信息、人们的文化和科技素质、经营理念等，都与农区和城市有一定差距。因此，山场养鸡应进行有效的组织。通过群众性的养鸡协会，解决一家一户难以解决的雏鸡、饲料、疫苗、药品的供应，特别是产品的销路，使之真正成为一个产业。

58. 山场林地养鸡的成功实例和经验有哪些？

近 10 年来，我们探讨山场规模化生态放养鸡，取得了初步成果。同时，全国各地均有相关的研究和实践，现列举几个，供参考。

例一，1999 年我们提出了"山场蛋鸡规模化生态养殖"设想后，得到河北省易县县委、县政府及业务部门的大力支持，广大山区农民的积极响应。2000 年该县生态养鸡数量已经超过 30 万只，2001 年后，年饲养量达到 60 万～80 万只，产生了良好的经济效益、生态效益和社会效益。比如，普通鸡蛋一般价格每千克在 4 元左右，而山场生产的鸡蛋每千克在 11～16 元，育肥的小肉鸡和淘汰的老母鸡每千克售价也在 12 元左右，在节日期间更高。农户饲养本地柴鸡（产蛋）每只年盈利 20～30 元，每只小公鸡盈利也在 10 元左右。由于养鸡数量的增加，带动了相关产业的发展。目前专门经营柴鸡产品的企业 6 家，一些企业经营的鸡蛋注册了商标。他们已与北京、天津、石家庄、保定等附近一些大中城市签订了供销协议，形势看好。该技术已在河北省的保定、承德、石家庄、邢台、邯郸等市的山区县逐渐推广。

例二，据刘庆才（2001）报道，吉林省通化市蚕种场位于罗通山脉脚下，职工朱运 1999 年 6 月 5 日至 10 月 20 日利用天然草场和树下放牧养鸡，45 日龄鸡上山，经过 4.5 个月的野外自然饲养，上山鸡只 380 只，出栏 345 只，成活率达 90.8%，平均体重 2.25 千克，按照当时市场价格 8～9 元/千克，只均纯收入 14.5 元。

例三，据赵安锁（2005）报道，甘肃省成县县委、县政府根据肉鸡市场需求变化趋势，在充分考察论证的基础上，提出了发挥本县林草资源优势，开展土鸡养殖、增加山区农民收入的设想，把土鸡养殖确定为增加农民收入的六项措施之一。先后 5 批引进广西大发青脚麻雏鸡 3.8 万只，经过统一育雏 20 天集中脱温育雏、程序化免疫后，投放到 6 个示范点、93 户农户饲养。采取山场林下放养加补饲的饲养方式，即白天放牧，早、晚各补饲 1 次，饲料以小麦、玉米原粮为主，不添加任何生长激素。第一批投放的 5 000 只青脚麻土鸡 115 日龄体重达 2.1 千克，每只饲养成本 12 元（鸡苗 5 元、饲料 5 元、防疫 1 元、其他 1 元），按当地市场最低售价14元/千克计，毛收入29.4元/只，毛利润可达17.4元/只，首批5000只土鸡可获毛利润8.7万元。

59. 林下种植不同牧草养鸡的效果如何？

无论是在果园还是林地，鸡的生态放养，除了一定的精料补充料以外，主要采食野生和人工牧草，以及一些虫类和腐殖质。因此，草的产量和质量在很大程度上决定放养效果。而草的质量主要取决于草的品种。因此，选择种植什么草种至关重要。董志强的研究具有参考价值。

董志强（2016）探讨不同人工草地对散养8～12周龄略阳乌鸡生长性能的影响。选取49日龄的健康状况良好、体重接近的略阳乌鸡324只。试验设定5个处理组和1个对照组。人工三叶草草地散养组、人工黑麦草草地散养组、人工菊苣草地散养组、天然杂草散养组饲养于舍外，采用地面平养（1.8米²/只），人工添加苜蓿草素组和对照组饲喂于舍内，采用笼养。舍外饲养的试验用鸡补饲基础日粮（表6-29），苜蓿草素添加组在基础日粮的基础上添加优质苜蓿草素（苜蓿草素添加量为15克/千克）。所有试验鸡均自由采食，自由饮水。饲喂期间采用自然光照，舍内每周带鸡消毒1次。

表6-29 对照组基础日粮组成及营养水平

成 分	比 例（%）	营养指标	营养含量（%）
玉 米	71.23	代谢能（兆焦/千克）	12.16
小麦麸	2.47	粗蛋白质	17.27
豆 粕	18.00	钙	0.62
玉米蛋白粉	4.58	有效磷	0.41
磷酸氢钙	1.58	赖氨酸	0.79
石 粉	0.59	蛋氨酸	0.36
食 盐	0.37		

续表 6–29

成　分	比　例（%）	营养指标	营养含量（%）
预混料	1.00		
蛋氨酸	0.10		
赖氨酸	0.08		
合　计	100.00		

注：预混料中主要含有维生素和微量元素。

结果表明，从生长速度（日增重）看，以三叶草组最高，其次是黑麦草和苜蓿草素组，菊苣散养组和杂草散养组 8～12 周龄略阳乌鸡的料重比显著高于三叶草组和苜蓿草素添加组。可见不同草地资源对于放养鸡的生产性能和饲料消耗是不同的表（6–30）。由此可以看出，菊苣和杂草的营养价值低于其他草。

表 6–30　不同人工牧草对 8～12 周龄略阳乌鸡生长性能的影响

项　目	三叶草	黑麦草	菊苣	杂草	苜蓿草素	对　照
平均日增重	18.17	16.85	14.84	15.63	16.64	16.95
平均日采食量	81.68	88.23	85.16	89.26	80.43	83.23
料重比	4.50	5.28	5.74	5.72	4.83	4.93

60. 春季林下养鸡如何管理？

春季是养鸡的黄金季节，不仅是孵化和育雏最繁忙的时候，也是蛋鸡产蛋率最高的时候，种蛋质量最佳的时候。同时，春季也存在一些不利因素，应注意一些技术环节。

（1）防气温突变　春季气温渐渐上升，但是其上升的方式为螺旋式。升中有降，变化无常。时刻注意气候的变化，防止突然变化造成对生产性能的影响和诱发疾病。

（2）保证营养　春天是蛋鸡产蛋上升较快的时段，同时早春又是缺青季节。如何保证产蛋率的快速上升，而又保证其鸡蛋品质符合柴鸡蛋标准，应在保证饲料补充量、饲料质量的前提下，补充一定青绿饲料。如果此时青草不能满足，可补充一定的青菜。对于种鸡，饲料中应补充一定的维生素和微量元素，以保证种蛋质量，提高产蛋率和孵化率。

（3）放牧时间的确定　春季培育的雏鸡放牧时间，北京以南地区一般应在4月中旬以后，此时气温较高而相对稳定；但对于成年鸡而言，温度不是主要问题，而草地牧草的生长是放牧的限制因素。如果放牧过早，草还没有充分生长便被采食，草芽被鸡迅速一扫而光，造成草场的退化，牧草以后难以生长。因此，春季放牧的时间应根据当地气温、雨水和牧草的生长情况而定，不可过早。

（4）疾病预防　春季温度升高，阳光明媚，万物复苏，既是养鸡的最好季节，也是病原微生物复苏和繁衍的时机。鸡在这个季节最容易发生传染性疾病。因此，疫苗注射、药物预防和环境消毒各项措施都应引起高度重视。

61. 夏季如何保障林下养鸡高产？

家养动物，最难度过的季节是夏季。如果管理不慎，会严重降低生产性能，甚至给健康建成威胁。保证夏季鸡的高产稳产，应该注意以下问题：

（1）注意防暑　鸡无汗腺，体内产生的热主要依靠呼吸散失，因而鸡对高温的适应能力很差。所以，防暑是夏季管理的关键环节。尤其是在没有高大植被遮阴的林下，应在放牧地设置遮阳棚，为鸡提供防晒遮阴乘凉的躲避处。

（2）保证饮水　尽管放养鸡一年四季都应保证饮水，但夏季供水更为重要。供水不仅是提高生产性能的需要，更是防暑降温、保持机体代谢平衡和机体健康的需要。必要时，在饮水中加入一定的补液盐等抗热应激制剂。

（3）鸡群整顿　夏季一些鸡开始抱窝，有些鸡出现停产。应及时进行清理整顿。对饲养价值不大的鸡可淘汰处理，以减少饲料消耗，降低饲养密度。

（4）饲喂和饲料　夏季天气炎热，鸡的采食量减少，在饲喂和饲料方面进行适当的调整。利用早晨和傍晚天气凉爽时，强化补料，以便保证有足够的营养摄入。一些人认为，夏季应降低营养水平，其结果不仅采食饲料的总量降低，获得的营养更少，不能满足生产的需要。可采取提高营养浓度和制作颗粒饲料的措施，使鸡在较短的时间内补充较多的营养，以保证有较高的生产性能。

（5）搞好卫生　夏季蚊虫和微生物活动猖獗，粪便和饲料容易发酵，雨水偏多，环境容易污染。应注意饲料卫生、饮水卫生和环境卫生，控制蚊蝇滋生，定期驱除体内寄生虫，保证鸡体健康。

（6）及时捡蛋　夏季由于环境控制难度大，鸡蛋的蛋壳更容易受到污染。特别是窝外蛋，稍不留意便遭受雨水而难以保证质量。因此，应及时发现窝外蛋，及时收集窝内蛋，进行妥善保管或处理。

62. 秋季林下养鸡管理有何特点?

应根据秋季的气候、鸡群和环境资源特点，有针对性地加强管理:

（1）加强饲养和营养　秋季是鸡换毛的季节。老鸡产蛋达1年，身体衰竭，加上换毛在生理上变化很大。所以，不能因为换毛停产而放松饲养管理。有的高产鸡边换毛边产蛋。况且鸡的旧毛脱落换新羽，仍需要大量的营养物质。因此，饲料中应增加精饲料和微量营养的比例，以保证鸡换掉旧羽和生新羽的热量消耗，及早恢复产蛋；当年雏鸡到秋季已转为成年鸡，开始产蛋，但其体格还小，尚未发育完全。因此，也要供应足够的饲料，让其吃饱喝足，并增加精饲料比例，以满足其继续发育和产蛋的需要。保持一定的膘度，为翌年产蛋期打下良好的基础。

（2）调整鸡群　正如上面所言，秋季是成年母鸡停产换羽，新蛋鸡陆续开产的季节。此时应进行鸡群的调整，淘汰老弱母鸡，调整新老鸡群。老弱母鸡淘汰的方法是：将淘汰的母鸡挑选出来，分圈饲养，增加光照，每日保持16小时以上。多喂高热量饲料等促使母鸡增膘，及时上市。当新蛋鸡开始产蛋时，则应老新分开饲养，鸡也逐渐由产前饲养过渡到产蛋鸡饲养管理。

（3）控制蚊虫，预防鸡痘　鸡痘是鸡的一种高度接触性传染病，在秋、冬季最容易流行，秋季发生皮肤型鸡痘较多，冬季白喉型最常见。

预防鸡痘可用鸡痘疫苗接种。将疫苗稀释50倍，用消毒的钢笔尖或大号缝衣针蘸取疫苗，刺在鸡翅膀内侧皮下．每只鸡刺一下即可。接种1周左右，可见到刺种处皮肤上产生绿豆大的小痘，后逐渐干燥结痂而脱落。如刺种部位不发生反应则必须重新刺种疫苗。

治疗鸡痘可采用对症疗法。皮肤型鸡痘，可用镊子剥离，伤口涂擦紫药水，鸡眼睛上长的痘，往往有痒感，鸡有时向体内摩擦，有时用鸡爪弹蹬。治疗可将痘划破，把里边的纤维素挤出，涂上氟轻松。

（4）预防其他疾病　秋季对蛋鸡危害较大疾病除了鸡痘以外，还有鸡新城疫、禽霍乱和寄生虫病。因此，必须进行疫苗接种和驱虫，迎接产蛋高峰期到来。一般情况下，在实行强制换羽前1周接种新城疫Ⅰ系苗；盐酸左旋咪唑，在每千克饲料或每升饮水中加入药物20克，让鸡自由采食或饮用，连喂3～5天；哌嗪（驱蛔灵），每千克体重用哌嗪0.2～0.25克，拌在料内或直接投喂均可；伊维菌素，每次每50千克体重用2%伊维菌素粉剂5克，内服、灌服或均匀拌入饲料中饲喂；复方敌菌净，按0.02%混入饲料拌匀，连用3～5天。氨丙啉，按0.025%混入饲料或饮水中，连用3～5天。给鸡驱虫期间，要及时清除鸡粪，同时对鸡舍、用具等进行彻底消毒。

（5）人工补光　秋后日照时间渐短，与产蛋鸡要求的每日16小时的光照时间的差距越来越大，应针对当地光照时数合理补充光照，以保证成年产蛋鸡的产蛋稳定，促进新开产鸡尽快达到产蛋高峰。

（6）防天气突变　深秋气温低而不稳，有时秋雨连绵，给放养鸡的饲养和疾病防治带来诸多困难。应有针对性地提前预防。

63. 冬季怎样提高林下养鸡的产蛋率及鸡蛋品质？

生产中发现，冬季很多林下饲养的鸡不产蛋。还有一些林下养鸡生产的鸡蛋品质差，尤其是蛋黄颜色浅，出售困难。冬季怎样才能提高林下养鸡的产蛋率和鸡蛋品质呢？根据我们多年的实践，提出如下技术措施：

（1）舍养保温　冬季林下没有什么可采食的东西，如果继续舍外放养，能量的散失会更严重，很多鸡由于能量的负平衡而停止产蛋。因此，应采取舍内圈养或笼养的方式，并加强鸡舍保温，可实现冬季较高的产蛋率。生产中，我们采取鸡舍阳面搭建塑料棚的方法，不仅增加了运动场地，而且通过塑料暖棚，增加光照和增温。

（2）增强营养供应　冬季天气寒冷，机体散热多，因此饲料的配合不仅要增加能量饲料的比例，饲料的补充量也应有所增加。没有足够的营养供应，不会有高的产蛋性能和经济效益。一些鸡场仍然按照放养期进行补料，造成严重的营养负平衡，产蛋率急剧下降，甚至停产。

（3）重视补青补粗　柴鸡蛋品质优于普通的笼养鸡蛋，主要指标在于蛋黄色泽、胆固醇和磷脂含量。但是，冬季失去了放牧条件，如果不采取有力措施，其鸡蛋品质难以保证。经过我们多年的试验和实践，冬季适当补充青绿多汁饲料，可弥补圈养的不足。根据我们的试验，饲料中要强化维生素添加剂，并添加3%～7%的苜蓿草粉，有助于鸡蛋品质的提高，达到柴鸡蛋的标准（表6-31）。

表6-31 不同苜蓿粉添加量对鸡蛋品质及生产性能的影响

期　别	项　目	Ⅰ（对照）	Ⅱ（3%苜蓿）	Ⅲ（5%苜蓿）	Ⅳ（7%苜蓿）
试验前期（鸡蛋品质）	蛋重	50.42	52.26	59.27	55.18
	蛋黄胆固醇（克/100克）	1.42	1.44	1.26	1.27
	蛋黄磷脂（%）	14.99	14.67	14.93	14.80
	哈氏单位	95.91	94.50	94.65	93.02
	蛋壳厚度	0.408	0.417	0.438	0.406
	蛋黄颜色	8.40	9.10	9.60	9.80
	蛋黄系数	47.35	46.99	45.65	46.69
试验后期（鸡蛋品质）	蛋　重	45.77	51.50[a]	53.50	50.29
	蛋黄胆固醇克/100克	1.42	1.44	1.26	1.27
	蛋黄磷脂（%）	14.99	14.67	14.93	14.80
	哈氏单位	95.39	94.89	96.98	93.92
	蛋壳厚度	0.415	0.422	0.401	0.417
	蛋黄颜色	8.20	9.80	10.00	10.20
	蛋黄系数	45.56	44.98	43.50	42.12
试验全期（生产性能）	产蛋率	60.40	60.33	60.06	60.55
	料蛋比	5.90	5.54	5.11	5.41
	耗料量	166.08	166.99	167.74	167.13
	破壳蛋	4.00	3.00	2.00	4.00

试验表明，添加 3%～7% 的苜蓿草粉对冬季蛋鸡的产蛋性能没有影响，而显著提高鸡蛋品质：蛋黄颜色均达到 9.8 以上，胆固醇含量降低，磷脂增加等。综合考虑，以添加 5% 苜蓿粉效果最佳。

（4）补充光照　使每日的光照时间不低于 15 小时。

（5）加强通风，预防呼吸道疾病　冬季是鸡呼吸道传染病的流行季节，尤其是在通风不良的鸡舍更容易诱发。应重视鸡舍内的通风。一旦发现病情应立即隔离，并使用相应的药物进行治疗，使其早日康复。同时，每隔 5～7 天用百毒杀等消毒药进行消毒，以免发生疫病。

（6）注意兽害　冬季野生动物捕捉的猎物减少，因而对野外养鸡的威胁很大。以黄鼬为甚，应严加防范。

64. 林下养鸡为什么常掉羽毛？如何预防？

（1）林下养的鸡羽毛脱落的原因

①自然脱毛　脱毛是一个生理现象，包括现有羽毛的脱落、被新羽毛生长的替代，通常伴随着蛋产量的减少甚至完全停产。自然脱毛先于成年羽毛之前，鸡生命过程经历了新旧羽毛交替的几次脱毛阶段，第一次换毛，绒毛被第一新羽替代，一般发生在 6～8 日龄至 4 周龄结束；第二次换毛，第一新羽被第二新羽替代，发生在 7～12 周龄间；第三次换毛，发生在 16～18 周龄间，这次换毛对生产是很重要的。

在产蛋母鸡，自然换毛发生在每年白昼变短的时期，如我国阴历冬至前后（12 月 20 日前后），此时甲状腺激素的分泌决定了换毛过程，人工光照的应用保持了恒定的光照，在这种条件下，鸡的自然换羽主要是通过调节家禽体内的"激素钟"来实现的。换毛特征：公禽比母禽换毛早。首先观察到家禽头颈部、然后波及胸部、最后是尾、翅部脱毛。换毛可能是局部的或全面的，脱毛的程度取决于家禽品种和家禽个体，脱毛持续的时间长

短是可变的，较差的蛋鸡在 6～8 周龄间重新长出羽毛，而优良
的蛋鸡则短暂停顿后（2～4 周）较快地完成换毛过程。

从生理上说，产蛋停止使更多的日粮用于羽毛生长（自身合
成的主要蛋白质），雌激素是产蛋过程中释放的一种激素，起阻
碍羽毛形成的作用，产蛋的停止减少了雌激素水平。因此，羽毛
形成加快。

②啄羽　鸡群群序间的啄羽主要发生在头部，且并不很严
重。严重的啄羽往往是由于过度拥挤、光照问题和营养不平衡的
日粮所致，且会伤及鸡只。啄羽导致的受伤伴随着出血，会吸引
更多的同类相残的啄食。

为了防止同类相残，最好的办法是隔离病弱的或受害的鸡
只，受伤的鸡只应在伤口上撒消炎粉处理，伤口用深暗色的食品
颜料或焦油涂抹，以减少进一步被其他鸡只的啄食攻击，也可以
撒些难闻的粉末于受伤的鸡身上。修喙或者已断喙的鸡群将会减
少啄羽或自相残杀的可能性，特别是与光线、饲养密度和营养有
关的问题得到改进后。另外，也发现某些品种的鸡群更易发生啄
羽现象（遗传特异性）。

啄羽的恶习一旦形成很难控制。因此，最好的治疗措施就是
预防。

③摩擦　脱羽也可能由于其他鸡只或环境摩擦所致，特别是
鸡只在密闭的环境中。为了减少脱羽，鸡群密度应该降低，消除
所有的鸡舍内尖锐、粗糙的表面。

④交配　如果是放养的种鸡，或将部分公鸡放入母鸡群，交
配时，公鸡踩踏母鸡，母鸡的背部羽毛被公鸡的爪子撕扯掉，为
了降低由此引起的羽毛脱落，需用指甲剪等工具修整公鸡的爪
子，公鸡腿上的距趾长度可以修剪到 1.5 厘米左右。

（2）预防脱毛的方法　从经济上说，羽毛消耗导致饲料消耗
增加，蛋生产效率下降。因此，改善羽毛状态能使养鸡生产者提
高经济效益。

①对自然脱毛，用适当强度人工光照来保持不变的光照时间。

②对于由于过度拥挤、强烈光照或不平衡的日粮造成严重的啄羽，要提供合适的光照、平衡日粮、减少拥挤现象、改变现在使用的鸡品种、隔离受伤鸡只、伤口用消毒药处理、伤口涂以颜料（勿用红色）、幼龄时修剪喙部、购买已修剪过喙部的鸡只。

③对于摩擦造成的羽毛脱落，可降低鸡群密度，消除舍内所有粗糙和尖锐的表面；对于由于交配造成的羽毛脱落，需要修剪公鸡爪子。

④消除不利因素。生产中造成产蛋停止和脱毛的因素很多。一般而言，缺水断料是导致脱毛最常见的应激因素，不平衡的日粮或霉变的饲料也能引起脱毛。清洁的饮水即使是短时间缺乏也可能导致家禽脱毛。为了减少此种情况发生，建议准备一套紧急备用的供水系统，保证鸡总能饮用清凉卫生的水。注意供给平衡日粮，及时清除剩料或发霉饲料。

⑤骤冷、过热和通风不良都可能造成鸡群的掉毛。良好的饲养环境能消除极端温度，所以注意提供适宜的饲养环境，为鸡群提供良好的通风，消除极端温度，减少氨的积聚。

⑥受伤、疾病和寄生虫感染等不良的健康状况或以强凌弱现象可加剧脱毛的发生。所以，要加强管理，对感染疾病的鸡群及时治疗，加强鸡群的监控，尽量减轻应激，减少脱毛。

65. 林下养鸡为什么要沙浴?

人们会经常看到林下养的鸡在吃饱以后，在阳光的沐浴下，在沙土里翻滚。也许你认为它是在嬉戏，其实它是在用沙洗澡。

鸡的身体上会附着一些鸡虱，翅膀羽毛上会附着些羽虱、羽虫。这些鸡虱会吸食鸡身上的血。羽虱、羽虫会吃鸡翅膀上的毛。鸡所以用沙来洗澡，是为了要驱除这些虫类。

仔细观察一下柴鸡用沙洗澡的情形。鸡在泥沙中乱滚中摩擦自己的皮肤并且把翅膀的羽毛竖起来，让沙土进入羽毛间有空隙的地方，这时附着在身上、翅膀上的鸡虱、羽虫、羽虱都会随着沙子一起被抖动下来。

与鸡同类的雉鸡、锦鸡、珍珠鸡和银鸡等，也都会用沙土来洗澡，洗澡的方式与鸡一样。因此，我们在鸡场，要为柴鸡准备一些沙土，既可以为它洗澡驱除害虫，也可以为它吞食沙粒帮助消化食物所用。

66. 哪些鸡群适合强制换羽？采用什么方法？

强制换羽是现代养鸡业为提高蛋鸡产蛋量，实现循环产蛋而采取的一项技术措施，在蛋鸡生产中具有重要意义。经过强制换羽，可以缩短自然换羽的时间，延长蛋鸡的利用年限，降低引种和培育成本；可以尽快提高产蛋率，改进蛋壳质量。

强制换羽是笼养商品蛋鸡或种鸡的一项常规技术。林下养鸡，特别是放养地方品种鸡，目前还少有人采用这项技术。但是，对某些地方品种的鸡采用这项技术是可行的，比如对太行鸡实行强制换羽可缩短种鸡培育时间，抓住商机，获取更大的效益。

（1）**强制换羽的时间**　对生产商品蛋的太行鸡强制换羽，一般依照产蛋时间和产蛋率而定，可在产蛋 8～10 个月后进行，或在产蛋率下降至 30% 时实施。按照强制换羽时间，可实施一次换羽或二次换羽。一次换羽是在第一期产蛋 12 个月左右时，进行强制换羽，休息 2 个月后，进入第二个产蛋高峰期；二次换羽一般在第一期产蛋 8 个月时，进行第一次强制换羽，休息 2 个月，在第二个产蛋期 6 个月时，进行第二次强制换羽，再进入第三个产蛋期。

（2）**强制换羽的方法**　分常规法、高锌法和复合中草药法3 种。

①**常规法**　有以下几个步骤：

第一，控饲。控饲的方法有多种：一是用谷糠类饲料取代配合饲料进行限饲，并在日粮中添加 1%～1.5% 的生石膏代替矿物质；二是完全停止供料 8～10 天；三是完全停料与供饲整粒禾谷类饲料（玉米粒、小麦粒、谷粒等）结合。同时，用停料与极度限饲结合的方法，让鸡只处于极度饥饿状态，也可促使蛋鸡停产换羽。

第二，控光。任何一种换羽方法都需要对光照时间加以控制，否则效果不佳。控制光照通常从断料开始进行，将强光改为弱光，并把光照时间由产蛋期 16 小时骤然降至 6~8 小时。

第三，控水。控水即为停水，停水措施并非所有强制换羽方案所必须，停水必须控制在 1~2 天内。在天气炎热或控饲较严时则不能停水，否则会加大死亡率。

常规强制换羽方案。目前根据现有资料（王春光等，2005），按照三控（控料、控光和控水）强度不同分为 3 种（表 6-32、表 6-33、表 6-34）。

表 6-32　全断料强制换羽方案

时　段	实施内容		
	饲　料	饮　水	光　照
1~7 天	断　料	充足饮水	停止人工光照或每日降至 8 小时
8~25 天	只供采食子实饲料	充足饮水	
26 天~	只供采食蛋鸡饲料	充足饮水	当体重恢复时，光照时间逐渐增至 14~16 小时

表 6-33　极度限饲强制换羽方案

时　段	实施内容		
	饲　料	饮　水	光　照
1 天	充足供料	供　水	停止人工光照或每日降至 8 小时
2~4 天	断　料	连续断水 2 天	
5 天~	按照每 100 只鸡每日天供料 2.7~3.5 千克，当产蛋率降至 1% 时，逐渐恢复自由采食	供　水	恢复自由采食后，光照时间逐渐增至 14~16 小时

表 6-34　快速强制换羽不断水方案

时　段	实施内容		
	饲　料	饮　水	光　照
1～10 天	断料，补充贝壳粒	充足饮水	停止人工光照或降至每日 8 小时，直到恢复产蛋时再增至每日 14～16 小时
11 天～	只供采食蛋鸡料	充足饮水	

②**高锌换羽法**　提高日粮中锌的含量，可按每千克饲料中含锌 200 毫克（0.02%）饲喂。氧化锌、硫酸锌和碳酸锌均可作为锌的来源，其中以氧化锌效果最佳。可在日粮含钙为 3.5%～4% 时加 2.5% 的氧化锌，自由采食，连喂 7 天，产蛋率可降至 0～2%，此法在停药后 20～25 天产蛋率即可明显回升。

也可以按每千克饲料添加 2 克硫酸锌，连喂 8 天，即可全部停止产蛋，停产后 21 天即恢复产蛋，33 天即可使产蛋率明显回升。

③**复方中草药强制换羽法**　据资料介绍（罗国琦等，2003），他们在五草饮中加入板蓝根、芦根、艾叶、薄荷、蒲公英、茅根等中草药，煎熬冷却后作为饮水剂或药物干燥粉碎，作为饲料添加剂，经在强制换羽的鸡、鸭群试用，确有显著的促羽生长，固本祛邪，抗病及醒抱催产作用。

第一，方药组成。益母草 500 克，鱼腥草 250 克，稗子草 500 克，三叶草 500 克，车前草 250 克。以上药物加水煎熬、冷却后，供 500～800 只鸡 1 天内饮用。冬、春季可加入适量板蓝根、芦根、艾叶、柳枝等；夏、秋季可重用鱼腥草、三叶草、茅根、蒲公英、野生地黄、蝉蜕等；用于醒抱时，可灵活加入薄荷、生地黄、冰片等适量，注意重用益母草、薄荷，并以药液饮用配合洗浴为好。

第二，操作方法。首先淘汰病残、低产、过肥和过瘦的个体，将强制换羽的鸡封闭，按常规法停水禁食，并停止人工补充光照（如鸡群停水 48 小时，禁食 72 小时，每天光照 8 小时）。于 48 小时、60 小时分别给以五草饮 100～150 毫升 / 只，72 小时后饲喂添加有 2.5% 硫酸锌的粗饲料，首次以半饱为度，以后由少渐多，逐日加量，自由饮用五草饮 7 天或饲喂添加有五草饮的饲料 7～10 天；10 天后恢复正常蛋鸡饲料，并逐日增加光照（每日增加 30 分钟，至日光照 16 小时止）；同时，每周补喂 0.1% 高锰酸钾溶液消毒的沙粒 1～2 次，恢复自由饮用常水。

第三，应用效果。某鸡场 3 批商品代蛋鸡群 4 500 只，按上述方法强制换羽，一般从停水禁食开始 3 周左右就有母鸡重新产蛋；4～5 周产蛋率达 10%～25%；7～8 周产蛋率达 55%～65%；10～12 周产蛋率达 70%～80%；15 周时，可达 85% 左右。此法比单一饥饿法、断水法、化学法等同期产蛋率提高 5%～10%。

（3）强制换羽的几项指标变化　实施强制换羽，必然导致鸡群发生一系列的变化。这些变化应控制在一定的范围内，主要包括：

①停产　在强制换羽开始的 5～7 天，必须使鸡群的产蛋率降到 1% 以下；停产期为 6～8 周，期间要控制所有的鸡不产蛋。

②换羽　强制换羽后的 7 天左右，鸡的体羽开始脱落，15～20 天脱羽最多，35～45 天换羽结束；当产蛋率达到 50% 时，有一半以上的主翼羽已经脱落。

③失重　强制换羽后的 10 天左右，鸡的体重要减轻 18%～21%；整个换羽期的失重应控制在 25%～30%。

④死亡　鸡在换羽期间的死亡率增加，但应控制在 3% 以内。即第一周应低于 1%，10 天内应低于 1.5%，5 周内应低于 2.5%，8 周内应低于 3%。

（4）实行强制换羽应注意的问题

①强制换羽措施的实施，有主动实施和被动实施。当出现以下 4 种情况时，可考虑实行强制换羽：

第一，当鸡群产蛋率低于30%或约有10%的鸡开始自然换羽，该鸡群又准备保留时，应考虑强制换羽；

第二，当地方性流行某些疾病，鸡群培育将要承担风险或困难，而又需要群体更换时，可进行强制换羽；

第三，鸡群由于某些原因（如饲料更换、发生疾病、光照不足或欠规律、各种应激等）造成群体产蛋量突然下降，数日不能回升时，可考虑强制换羽；

第四，根据当地市场行情和养禽情况，面临或预测近期蛋类供应过剩时，也可考虑进行人工强制换羽。

②在拟订鸡群强制换羽计划时，应首先人工选择健壮无病、生产性能好、躯体发育良好的鸡。淘汰老弱病残等无培养和利用价值的鸡。这样的鸡在强制换羽过程中多数死亡，即使没有死亡，强制换羽后也没有多大的生产潜力。

③强制换羽开始前10～15天，要给予免疫注射，并进行驱虫、除虱，以保证鸡只适应强制换羽所造成的刺激，也可避免在下一个产蛋周期期间进行免疫注射和驱虫等而造成对鸡群的应激。

④在高度饥饿和紧张状态时，鸡群的适应能力和消化功能降低。故在强制换羽后开始恢复喂料时，要注意由少到多，先粗后精，少量多次，均匀供给，以保证鸡消化系统逐渐适应饲料更换和药液的刺激，避免因暴食暴饮而造成消化不良或死亡。

⑤夏天实行强制换羽，要注意降温，加强通风遮阴，防止中暑；冬天采用强制换羽，要增加能量饲料，注意防寒保温。以减少无谓损失。

⑥在强制换羽期间，鸡只体重明显下降，体质减弱，抗病能力降低，故易发生疾病。因此，要保护鸡群安全，除注意保持圈舍清洁干燥、温度适宜外，在强制换羽后期可在饮水中增加免疫增效剂（如电解多维）或添加某些中草药等，以增强其扶正祛邪、抗毒抗病功用，减少鸡只因应激而造成过多死亡。

⑦为确保强制换羽效果，迅速恢复产蛋性能，强制换羽后

期，可在日粮中加大微量元素的添加，添加量为正常标准的1～2倍，连用5～7天；同时，还应注意钙质和复合维生素的补充。通过上述综合保护性措施，鸡群死亡率可控制在3%以内，产蛋性能恢复更快。

⑧强制换羽期间需注意鸡只互啄的问题。其主要防止措施是鸡舍遮黑，减少光照时间。待鸡群基本恢复正常后，再除去遮黑装置，恢复正常光照，进行正常饲养管理。

67. 林下养鸡的适时出栏时间怎么定？

林下养鸡的适时出栏主要指放养的公雏鸡，或以产肉为主的仔鸡，饲养到一定日龄或体重后，及时出栏。此时出栏，经济效益最高。

出栏时间由以下情况决定：

（1）**体重** 体重是决定是否出栏的重要因素。因为屠宰率或出肉率的高低，与体重呈正相关。也就是说，体重越大，屠宰率越高，产肉率越高。

（2）**日龄** 日龄也是决定出栏时间的重要因素之一，因为鸡的生长速度与日龄有关。一般来说，在性成熟之前，体重呈现递增趋势，而性成熟之后，体重增长呈现递减趋势。当日龄到达一定之后，也就是达到成年或接近成年之后，鸡体重基本上保持稳定，继续饲养没有任何价值。

（3）**季节或市场** 是在考虑体重和年日龄的同时，考虑季节或市场。考虑季节有两个含义，一个是放牧季节气候和场地野生饲料资源提供情况。如果气候有利于鸡的生长，有足够的野生饲料资源供鸡采食，饲养成本较低，可获得较高的效益，那么，可以再饲养一段时间；二是根据我国传统或现代节日，比如中秋节、新年、圣诞节等。一般这个时期，往往是鸡肉消费的旺季；考虑市场是指当时当地的销售市场如何？一是市场需求量，二是销售价格。如果合适，出栏时间可以适当提前或错后。

根据我们几年的实践，太行鸡公雏鸡在放养条件下，一般4个月左右，体重在1.5千克左右出栏。其他品种可根据其生产性能和特点进行灵活掌握。

事实上，在进行鸡的放养之前，应该进行详细的规划，何时进雏，何时放养，饲养多长时间，一年出栏几批等。一般是以出栏时间决定进雏时间。比如，计划10月1日出栏，假设120天的饲养周期，那么进雏期设定在10月1日往前120天，即6月1号以前开始育雏最好。

68. 如何降低林下养鸡成本？

降低林下养鸡养殖成本涉及养鸡的方方面面，任何一个环节出现问题，都将影响养鸡的成本。

成本分为绝对成本和相对成本。所谓绝对成本是指一只鸡在一个生产周期的总投入。而相对成本是指放养鸡单位产品的成本。例如，每生产1千克鸡蛋的成本、每增长1千克体重的成本等。在总成本不变的情况下，生产性能越高，相对成本越低；在总投入和生产性能不变的情况下，产品质量越高，销售价格越高，相对成本越低，效益就越高。

在总的成本中，又可细分饲料成本、人工成本、设备成本、防疫成本、销售成本、水电和其他等。降低成本，就要提高生产性能，降低饲料转化率，减少无谓损失，提高生产性能和产品质量。概括起来，需要考虑以下问题：

（1）饲养优良鸡种　常言说，优种劣种，效益不同。不同的品种，生产性能不同，产品质量不同，市场价格不同，都将直接影响养殖效益，间接影响养殖成本。

根据我们的试验，以太行鸡、农大3号和其他现代配套系鸡种在相同的放养条件下进行比较，从产蛋性能和饲料转化率上来看，现代鸡种和农大3号高，太行鸡最低。但由于太行鸡的鸡蛋和淘汰鸡的市场价格最高，因此太行鸡是最佳放养鸡种，农大3

号次之。其他现代配套系鸡种由于产品价格不被市场看好，因此作为放养鸡种暂不考虑选择。但是，不同地区的消费习惯不同，要根据每个地区的特点选择与之相适应的品种饲养。

（2）林下放养场地的选择　林下养鸡主要采食野生饲料，因此放养场地自然饲料提供的数量和质量直接影响养鸡成本和效益。要选择可食牧草资源丰富的林下作为放养地，可以减少人工饲料的投入量，提高鸡产品的产量和质量。生产中发现，有些林地尽管草资源丰富，但是可食牧草比例很少，因此也不适合作为放牧地。此外，有些林地虽然生长着可食牧草，但是由于地势高，或环境干燥，雨量少，牧草再生能力差，也不适合长期放牧。

（3）提高饲养技术　包括育雏期、育成期和产蛋期的饲养管理技术，提高成活率、健雏率、均匀度或整齐度等，是提高生产性能降低饲养成本所必需的。

（4）诱虫技术的应用　虫体是优质的蛋白质饲料，鸡在野外放养可以扑食活的虫子。但是，在经常放牧的场地，虫子很快被鸡吃掉。为了获得更多的虫子，可采取多种诱虫技术（如黑光灯、高压电弧灭虫灯、性激素等），诱杀虫子。虫子不仅提供优质的蛋白质，而且可以获得天然的抗菌肽（昆虫体内存在），提高抗病能力。

（5）科学配制日粮　根据不同品种鸡的各个生长阶段的营养需要，充分利用当地的廉价饲料资源，有条件的鸡场可以自行配制全价日粮，这样可大大降低饲料成本。由于放养鸡与笼养鸡的活动特点不同，生产性能不同，营养需要有很大的不同。因此，必须根据放养鸡的营养特点设计配方，方可起到提高生产性能，降低饲料成本的效果。

（6）减少饲料浪费　①料槽结构要合理，有足够数量的料槽，同时槽的上缘应加边，呈凹形，防止饲料外溅；②掌握喂料时间。每日1次在傍晚，集中补料，及时清除没有吃净的饲料；

③注意饲料形态。粉状的饲料不容易采食，也会造成由于比例不同出现分层现象而采食不匀。一般采取粒料，比如玉米粒、高粱粒，这样浪费较少。有条件的鸡场可以做成颗粒饲料。这样，既可以避免饲料的分层，也可以防止饲料浪费，同时可以节省采食时间。

（7）及时淘汰残、次和低产鸡　残次和低产鸡生产性能很低，每日同样消耗饲料，饲养价值不大，应该及时将其淘汰，以降低饲养成本。不产蛋鸡，白吃饲料，必须及时淘汰。一般从外表可以判断停产鸡：冠、髯苍白，腹部收缩狭窄，羽毛光亮干净。可捉住翻肛，如翻不出来，应予以淘汰。如果经验不足，可以采取可靠而较麻烦的办法：连续3天，每日晚上逐只通过肛门触摸子宫，如果有正在形成中的鸡蛋，做一个标记（如在腿部系一根细绳）。连续3天后，将那些没有鸡蛋形成的鸡全部淘汰，而保留高产鸡。

（8）搞好防疫　按照免疫程序进行免疫，使用可靠疫苗，防止漏注；注意及时驱虫，预防慢性消耗性疾病；要加强饲养管理，提高鸡的抗病能力，减少治疗费用。同时，搞好环境和饲养用具的卫生，为鸡创造一个良好的生长环境，确保稳产高产。

（9）保持适宜的温度　生产中发现，冬季放养鸡产蛋性能很低，有的林下养鸡出现停产现象。根据笔者研究发现，营养负平衡是主要原因。由于寒冷，采食的饲料主要用于御寒。如果保温不好，喂料不足，停产是不足为怪的。

鸡产蛋最适宜的舍温为 13～21℃，冬季如果舍温低于 8℃，每 100 只鸡每日要多吃饲料 1.5 千克，而且产蛋率下降。一般来说，由于北方冬季林下很少有可采食的饲料，因此尽量不进行放牧，多采取圈养方式。但在鸡舍的向阳面搭建一个使用面积不少于鸡舍面积的塑料棚，以扩大活动面积，接受热量，增加采光。夏季气候炎热，鸡食入的饲料较少，但产蛋率也下降。所以，夏季注意防暑，调节好鸡舍内的温度，对降低饲料消耗也很重要。

七、林下养鸡
常见疾病及防治

1.鸡的抗病力为何差？

从鸡的解剖上看，就不难理解鸡抗病性差的原因。鸡的肺脏很小，但连接很多气囊，这些气囊充斥于体内各个部位，甚至进入骨腔中，通过空气传播的病原体可以沿呼吸道进入肺和气囊，从而进入体腔、肌肉、骨骼之中；鸡的生殖孔与排泄孔都开口于泄殖腔，产出的蛋经过泄殖腔，容易受到污染；由于没有横膈膜，腹腔感染很易传至胸部的器官；鸡没有淋巴结，这等于缺少阻止病原体在机体内通行的关卡。因此，在同样条件下，鸡比鸭、鹅等水禽抗病能力差，存活率低。

2.林下养的鸡为什么发病率低？

（1）林下养鸡饲养密度小，舍内通风好，不易患呼吸道疾病　鸡放养在果园、林地，一般饲养密度在 30～50 只 / 亩。舍内的饲养密度也不超过 10 只 / 米^2，舍内粉尘、氨气、硫化氢等有害气体的浓度也很低。所以，一般很少患呼吸道疾病。

（2）林下养鸡活动范围广，运动量大，体质好　据观察，放养鸡的活动半径在 500 米以内，在觅食过程中，不停地奔跑、跳跃、打斗，增加了肺活量及肌肉的增长，具有良好的体质。

（3）鸡觅食中采食鲜嫩的树叶、草叶及成熟的植物子实　这些物质中不仅含有丰富的蛋白质，还含有鸡必需的多种维生素、微量元素；而且，某些植物还有保健作用。

（4）鸡采食的昆虫及软体动物体内含有抗菌肽，提高其抗病力 鸡在放养过程中，从周围的环境中采食大量蝗虫、蚯蚓、蝇蛆等，这些动物不仅提供大量的优质蛋白质，而且体内还含有丰富的抗菌肽。据报道，抗菌肽具有广谱的抗菌性，不仅对多种细菌、真菌，而且对多种病毒也有杀灭作用。

（5）接受阳光多 林下养的鸡在太阳的照射之下，紫外线源源不断地给鸡体表及周围环境进行消毒，并使鸡皮肤中的7-脱氢胆固醇转化为维生素 D_3，可减少骨软症的发生。

3. 哪些因素不利于林下养鸡的疾病防控？

（1）饲养管理技术相对落后，疾病综合防治意识淡薄 各地林下养鸡近几年发展不平衡，有的相关配套技术滞后，养鸡的饲养和经营管理人员技术水平不高，生产实践常识匮乏，缺乏疾病防治的临床经验等。

（2）种鸡场良种繁育体系尚未健全，传染病较多 目前，一些林下养鸡来自农村自繁的鸡，基本上没进行过鸡白痢、白血病净化，经蛋垂直传染的疾病较多；同时，个别孵化厂管理、卫生条件等较差，这些因素均加重疫病的传播。

（3）环境不易控制，易患球虫、大肠杆菌病 放养鸡接触地面，病鸡粪便易污染饲料、饮水、土地。特别是夏季天热多雨、鸡群过分拥挤、运动场太潮湿，粪便得不到及时清理和堆沤发酵。再加上清除场内的污物不及时，使得病原体"接力传染"，容易造成该病的流行。

（4）气候多变环境恶劣 林下养鸡所处的外界环境因素多变，易受暴风雨、冰雹、雪等侵袭，应激大。

4. 林下养鸡的发病规律与特点有哪些？

（1）新城疫、法氏囊病较多　林下养鸡所养鸡种大多数是本地鸡，有些孵化场的种蛋来自散养户，无论是鸡的日龄还是免疫程序差别很大，致使其母源抗体水平参差不齐，初次免疫时间不易确定；套用现代肉鸡、蛋鸡的免疫程序，免疫程序不尽合理，免疫方法不得当等，易感染法氏囊病；同时，由于法氏囊病毒破坏鸡免疫器官——法氏囊，使产生免疫抗体的 B 淋巴细胞明显减少；因此，鸡对多种抗原的刺激不能产生应有的抗体，增强鸡对多种病原的易感性，最重要的是由此所造成的免疫抑制，雏鸡易患新城疫。在放养期，鸡因其饲养环境的特殊性，免疫接种时，常常采用饮水法。而饮水法常因群体过大，易造成饮水不均；鸡采食青绿饲料而减少饮水及鸡饮用坑洼地的积水，直接影响饮水量和免疫效果，经常发生散发性新城疫。

（2）马立克氏病多　林下养鸡，马立克氏病相对较多的主要原因，一是多年来人们思想上普遍认为本地鸡的抗病力强，不用接种马立克氏病疫苗；二是有些饲养者购买商品代蛋鸡鉴别公雏时，抱有侥幸心理或仅顾眼前利益少花些钱，不接种马立克氏病疫苗。其结果，造成马立克氏病的大面积暴发。

（3）细菌病多　沙门氏菌是严重危害林下养鸡育雏期间成活率的疾病之一。这是因为，有些养鸡户从非正规种鸡场购买雏鸡，而这些种鸡场未做过鸡白痢净化，一是带菌鸡通过种蛋传给下一代，二是其孵化场的孵化条件、卫生状况、管理等较差，易造成传播。

林下养鸡因其所处环境的特殊性，常常接触污染的饲料、饮水、用具等，发霉变质的饲料及受外界应激因素（雨淋、温度变化等）的影响，易感染或并发大肠杆菌病。

（4）球虫病较多　放养鸡接触地面，病鸡粪便污染饲料、饮水、土地，使得虫卵"接力传染"。如天热多雨、鸡群过分拥挤、运动场太潮湿、大小鸡混群饲养、饲料中缺乏维生素 A 及日粮搭配不当，均会加快本病传播。

（5）**呼吸道病较少**　育雏阶段有时发生呼吸道疾病。但放养后，由于鸡群饲养密度小、舍内通风好、空气新鲜，很少患呼吸道疾病。

5. 林下养鸡主要防病措施有哪些?

（1）**选择合适的放养区**　从疫病预防、控制角度，林下养鸡应选择在背风向阳、地势高燥、易于排水、通风良好、水源充足、水质良好的地方。要远离屠宰场、肉食品加工厂、皮毛加工厂等易污染单位。鸡舍的建筑应根据本地区主导风向合理布局，从上风向排列至下风向。育雏舍多建在林地以外，单独育雏。

（2）**把好鸡种引入关**　鸡群发生的疫病中，部分是从引种鸡场带来的。因此，从外地引进雏鸡时，应首先了解当地有无疫情。若有疫情则不能购买，无疫情时，引进前也要对该种鸡场的饲养管理、防疫进行详细的了解。雏鸡应来自非疫区、信誉度高、正规种鸡场。

（3）**科学饲养管理**

①**满足鸡群营养需要**　在饲养管理过程中，要根据鸡的品种，分群饲养，按其不同生长阶段的营养需要，饲养密度，植被情况，供给相应的配合饲料，以保证鸡体的营养需要。同时，还要供给足够的清洁饮水，合理安排放牧时间，以提高鸡群的健康水平，从而有效防御多种疾病的发生，特别是防止营养代谢性疾病的发生。

②**创造良好的生活环境**　饲养环境条件差，往往影响鸡的生长发育，也是诱发疾病的重要因素。要按照鸡群在不同生长阶段的生理特点，控制适当的温度、湿度、光照、通风和饲养密度，尽量减少各种应激，防止惊群的发生。

③**采取"全进全出"的饲养方式**　所谓"全进全出"，就是

同一放牧地块和一栋鸡舍在同一时期内只饲养同一日龄的鸡，又在同一时期出栏。这种饲养方式简单易行，优点很多，既便于在饲养期内调整日粮，控制适宜的舍温，进行合理的免疫，又便于鸡出栏后对舍内地面、墙壁、房顶、门窗及各种设备彻底打扫、清洗和消毒，以及放牧地的自然净化。采取这种饲养方式，能够彻底切断各种病原体循环感染的途径，有利于消灭舍内的病原体。

④**做好废弃物的处理工作**　放养区的废弃物包括鸡粪、死鸡等。一般在下风向最低位置的地方或围墙外设废弃物处理场。鸡粪经过发酵处理后，当肥料出售。死鸡焚烧或深埋。

⑤**做好日常观察工作**　随时掌握鸡群健康状况，逐日观察记录鸡群的采食量、饮水表现、粪便、精神、活动、呼吸等基本情况。统计发病和死亡情况，对鸡病做到"早发现、早诊断、早治疗"，以减少经济损失。

（4）**搞好消毒工作**　①放养区及鸡舍门口应设消毒池，经常保持有新鲜的消毒液，凡进入鸡舍必须经过消毒。车辆进入放养区，车轮要经过消毒池。②工作人员和用具固定，用具不能随便借出借入。工作人员每日进入鸡舍前要更换工作服、鞋、帽，工作服要定期消毒。放养区内的工作鞋不许穿出区外，放养区外的鞋不许穿进区内。③鸡舍在进鸡之前一定要彻底清洗和消毒。栖架、蛋箱应定期消毒。料槽应定期洗刷、晾晒，否则会使饲料发霉变质；水槽要每日清洗。④要坚持做好带鸡消毒，用0.3%过氧乙酸或0.05%～0.1%百毒杀或"1210"对鸡群进行消毒，这对环境的净化和疾病的防治作用很大。通过带鸡消毒，不仅能使鸡舍的地面、墙壁、鸡体和空气中的细菌数量明显减少，还能降低空气中的粉尘、氨气，夏天还有降温作用。

（5）**搞好免疫接种**　①放养区一定要根据当地的疫情和生产情况，制定免疫计划。②兽医人员要有计划地对鸡群进行抗体监测，以确定免疫的最佳时机，检查免疫效果。③使用的疫苗要确保质量，免疫的剂量准确，方法得当。④免疫前后要保护好鸡群，免受野毒的侵袭。要避免各种应激，对鸡群增加一些维生素 E 和维生素 C 等，以提高免疫效果。

（6）利用微生态制剂防治疾病　微生态制剂可以改变肠道环境，或与肠道内有益菌一起形成强有力的优势菌群，抑制致病菌群；同时，分泌与合成大量氨基酸、蛋白质、维生素、各种生化酶、抗生素、促生长因子等营养与激素类物质，以调整和提高鸡饲料转化率。对机体可以产生免疫、营养、生长刺激等多种作用，达到消除粪尿臭味、防病治病、提高存活率、促进生长和繁殖、降低成本的目的。

（7）合理预防投药，提高鸡群健康水平　除对鸡群进行科学的饲养管理，做好消毒隔离、免疫接种等工作外，合理使用药物防治鸡病，也是搞好疾病综合性防治的重要环节之一。

6. 饲养管理中"五勤"指的是什么？

（1）放鸡时勤观察　开放式带运动场的鸡舍，每日早晨放鸡外出运动时，健康鸡总是争先恐后向外飞跑，弱者常常落在后边，病鸡不愿离舍或留在栖架上。通过观察可及时发现病鸡并及时治疗和隔离，以免疫情传播。

（2）清扫时勤观察　清扫鸡舍和清粪时，观察粪便是否正常。正常的鸡粪便是软硬适中的堆状或条状物，上面覆有少量的白色尿酸盐沉积物；若粪过稀，则为摄入水分过多或消化不良；如为浅黄色泡沫粪便，大部分是由肠炎引起的；白色稀便则多为白痢病；而排泄深红色血便，则可能为鸡球虫病。

（3）补料时勤观察　补料时勤观察鸡的精神状态，健康鸡特别敏感，往往显示迫不及待感；病弱鸡不采食或被挤到一边，或采食动作迟缓，反应迟钝或无反应；病重鸡表现精神沉郁、两眼闭合、低头缩颈、翅膀下垂、呆立不动等。

（4）宿窝后勤观察　晚上关灯后倾听鸡的呼吸是否正常，若有咳嗽、气管有啰音，则说明有呼吸道疾病。

（5）**补料后勤观察**　从放养到开产前，若采食量逐渐增加为正常；若表现拒食或采食量逐渐减少则为病鸡。因此，在每日补料后及时对补料量和剩料量进行记录和总结，以便查明原因。

7. 林下养鸡一般不易患什么病？

（1）**林下养鸡一般不易患呼吸道疾病**　鸡放养在果园、林地，一般饲养密度在 30～50 只 / 亩。舍内的饲养密度也超不过 10 只 / 米^2，舍内粉尘、氨气、硫化氢的浓度很低，所以一般很少患喉气管炎、支气管炎等呼吸道疾病。育雏阶段有时发生呼吸道疾病。但放养后，由于鸡群饲养密度小、舍内通风好、空气新鲜，很少患呼吸道疾病。

（2）**林下养鸡不易患骨软症等代谢病**　放养鸡在太阳的照射之下，紫外线源源不断地给鸡体表及周围环境进行消毒，并使鸡皮肤中的 7- 脱氢胆固醇转化为维生素 D_3，以减少骨软症的发生；且活动范围广，运动量大，体质好。据观察，放养鸡的活动半径在 500 米以内，在觅食过程中，不停地奔跑、跳跃、打斗，增加了肺活量及肌肉的增长，具有良好的体质。所以，很少患骨软症。

（3）**林下养鸡不易患维生素、微量元素等缺乏症**　放养鸡觅食中采食鲜嫩的树叶、草叶及成熟的植物子实，这些物质中不仅含有丰富的蛋白质，还含有鸡必需的多种维生素、微量元素；而且，某些植物还有保健作用。柴鸡在放养过程中，从周围的环境中采食大量蝗虫、蚯蚓、蝇蛆等，这些动物可以提供大量的优质蛋白质。所以，很少发生营养缺乏症。

8. 为什么说抓好引种环节是林下养鸡防疫的基础？

林下养鸡与笼养现代配套系鸡相比，尽管抗病力较强，但有些疾病特别是传染病一旦发生，往往引起鸡群大批死亡，造成严重的经济损失。鸡的引种是防疫的第一关口。在引种选择时，应考虑当地的实际情况，了解其在我国不同地区的适应性以及性能特点，做出适宜的选择。例如，当地的地方鸡种，更适应当地环境条件、活动量大、肉质好、采食能力和抗病力强，比较适合户外放养。

9. 鸡新城疫如何防疫？

必须建立并贯彻各项预防制度，切实做好免疫接种工作，坚持定期消毒，严格检疫。

适时预防接种就要制定合理的免疫程序。免疫程序最好按实际测定的抗体水平来确定，以下 2 种免疫方式可供参考：

第一种免疫方式

首免，5 日龄："新肾支"三联苗滴鼻、点眼或饮水；

二免，22 日龄：新城疫克隆 30 苗或Ⅳ系苗滴鼻、点眼或饮水；

三免，60 日龄：新城疫Ⅰ系苗肌内注射；

110～120 日龄：新城疫克隆 30 苗或Ⅳ系苗饮水。

第二种免疫方式

首免，5 日龄："新肾支"三联苗滴鼻、点眼或饮水；

二免，22 日龄：新城疫克隆 30 苗或Ⅳ系苗滴鼻、点眼或饮水；

三免，60 日龄：鸡新城疫灭活疫苗肌内注射；

110～120 日龄：肌内注射"新肾减"三联油苗。

治疗上可用抗鸡新城疫血清和鸡新城疫高免抗体。抗鸡新城疫血清成本高，一般不生产、使用。目前，一般用以鸡新城疫和鸡传染性法氏囊病二联高效卵黄抗体注射液做紧急预防接种，体重 0.5 千克以下每只肌内注射 0.5 毫升，体重 1 千克以上每只肌内注射 1 毫升，早期使用效果较佳。由于鸡新城疫常常并发大肠杆菌病等病，在饲料或饮水中加入适量的抗生素和电解多维，可减少死亡，有助于鸡群康复。

10. 禽流感如何预防？

首先，要加强卫生管理，执行严格的检疫制度，防止引入病原。在雏鸡25～30日龄和110～120日龄接种禽流感疫苗。

其次，一旦发生可疑病鸡，就应及时采取封锁、隔离、消毒和严格处理病禽、死禽等措施。当出现高致病性禽流感病毒感染时，要划定疫区，严格封锁和隔离，焚毁病、死禽，对疫区内可能受到高致病性禽流感病毒污染的场所进行彻底消毒等，以防疫情扩散，将损失控制在最小范围内。

11. 鸡传染性法氏囊病如何防疫？

本病尚无有效防治药物，预防接种、被动免疫是控制本病的主要方法，同时必须加强饲养管理及防疫消毒卫生工作。

为防止育雏早期的隐性感染和提高雏鸡阶段的免疫效果，应做好主动免疫工作，即在种鸡群开产前用鸡传染性法氏囊病油乳剂灭活苗进行预防接种，在种鸡40～42周龄时再用油佐剂灭活苗免疫1次，这样就能保证种鸡在整个产蛋期内的种蛋和雏鸡保持相对稳定的母源抗体，并且均匀一致，为雏鸡阶段的免疫打下基础，也可有效地预防早期的隐性感染。

林下养的雏鸡可在12～14日龄用弱毒疫苗饮水，24～26日龄用中等毒力疫苗饮水。对于来源复杂或情况不明的雏鸡免疫可适当提前。在严重污染区、本病高发区的雏鸡可直接选用中等毒力的疫苗。

受严重威胁的感染鸡群或发病鸡群注射高免蛋黄或高免血清，可取得较好的控制疗效，但需尽早诊断，及时掌握注射时机，才能有效地控制死亡鸡只。同时，投服速效管囊散或法氏克等药物，针对出血和肾功能减退对症投服肾脏解毒药、多种维生素，可起到缓解病情和减少死亡的作用。

12. 鸡痘如何防治?

林下一般比较潮湿,是滋生蚊虫等吸血昆虫的地方,周围环境中蚊虫等吸血昆虫较多,散养的鸡易患该病,在生产中应引起足够的重视。

预防鸡痘最可靠的方法是接种疫苗。一般在夏末秋初接种鸡痘疫苗。可用鸡痘弱毒疫苗,100倍稀释,用消毒钢笔尖蘸取少许疫苗,在鸡翅膀内侧无血管处刺破皮肤即可,1月龄内雏鸡刺种1下,1月龄以上的鸡刺种2下。每刺种几只鸡后,应用脱脂棉擦拭笔尖,以免油脂过多蘸不足药液而影响免疫效果。接种3~5天之后,接种部位出现绿豆大小的红疹或红肿,10天后有结痂产生即表示疫苗生效。如果刺种部位不见反应,必须重新刺种疫苗。

目前尚无特效治疗药物,主要采用对症疗法,以减轻病鸡的症状和防止并发症。皮肤上的痘痂,一般不做治疗,如果发病数量较少或必要时,可用清洁镊子小心剥离,伤口涂2%碘酊或2%紫药水。白喉型鸡痘时,喉部黏膜上的伪膜用镊子剥掉,用0.1%高锰酸钾液洗后,用2%碘甘油,或鱼肝油涂搽,可减少窒息死亡。病鸡眼部如果发生肿胀,眼球尚未损坏,可将眼部蓄积的干酪样物质排出,然后用2%硼酸溶液或0.1%高锰酸钾液冲洗。剥离下的伪膜、痘痂或干酪样物都应烧掉,严禁乱丢,以防散毒。

对于症状严重的病鸡,为防止并发感染,可在饲料或饮水中添加抗生素。可在饲料中添加0.08%~0.1%的土霉素连喂3天或在饮水中添加0.2%的金霉素连饮3天。

为促进组织和黏膜的新生,促进饮食和提高机体抗病力,应改善鸡群的饲养管理,在饲料中增加维生素A和富含胡萝卜素的饲料。若用鱼肝油补充时应为正常剂量的3倍。

13. 鸡白痢如何防治?

鸡白痢在林下养鸡中显得尤为突出,因为有些种鸡场未做过鸡白痢净化，雏鸡抗体阳性率较高；同时，放养鸡场育雏条件较差，温度忽高忽低，卫生条件差，均易诱发本病的发生。

首先，从鸡白痢净化的种鸡场购进雏鸡；其次，育雏舍及所有用具在使用前要进行彻底清洗消毒；对 2 周龄以下的雏鸡预防投药，1～5 日龄，每升饮水添加庆大霉素 8 万单位；6～10 日龄，在饲料中添加诺氟沙星 100 毫克 / 千克；11 日龄起，在每千克饲料中添加土霉素 2 克，连用 3～4 天。

14. 鸡大肠杆菌病如何防治？

林下养鸡因其所处环境的特殊性，常常接触污染的饲料、饮水、用具，发霉变质的饲料及受外界应激因素（雨淋、温度变化等）的影响，易感染或并发大肠杆菌病。调查中发现，大肠杆菌病是林下养鸡最易患，也是危害最大的传染病之一。

加强饲养管理，搞好环境卫生是预防该病的关键措施。平时要注意及时清理粪便，保持放养场环境卫生，供给鸡清洁的饮水，水槽要经常擦洗，定期加入适量的消毒剂。舍饲期间，保持较稳定的温度、湿度（防止忽高忽低），合适的密度，保持通风良好、空气新鲜。定期对环境、用具及带鸡消毒，供给优质饲料，保持环境的稳定，控制支原体肺炎、新城疫、传染性法氏囊病等病的发生。

在大肠杆菌病危害严重的地区，虽然大肠杆菌的血清型众多，但接种疫苗仍为防治本病的一种有效方法。近年来国内外采用大肠杆菌多价氢氧化铝苗、蜂胶苗、多价油佐剂苗，取得了较好的预防效果。采用本地区发病鸡群的多个菌株或本场分离菌株制成的疫苗免疫效果更好。另外，可以使用微生态制剂，通过改变胃肠道微生物种群组成，使有益或无害微生物占据种群优势，通过竞争抑制病原或有害微生物的增殖，达到防病的目的。

鸡群发生大肠杆菌病后，可以用药物进行治疗，最好以饮水的方式投药。常用的药物有阿米卡星丁胺卡那霉素、新霉素、四环素、庆大霉素、诺氟沙星、环丙沙星、恩诺沙星等。由于大肠杆菌极易产生抗药性，因此在采用药物治疗时，最好进行药敏试验，或选用过去很少用过的药物进行全群治疗。提倡加中草药和微生态制剂配合治疗，且注意交替用药。要早诊断、早治疗。

近年来我们试验，采用微生态制剂预防和治疗大肠杆菌等消化道疾病，效果良好。其优点在于无药物残留、无耐药性、无毒无害。对于绿色鸡蛋和有机鸡蛋生产意义重大。

15. 鸡住白细胞虫病如何防治？

住白细胞虫病是由住白细胞原虫寄生于鸡的白细胞和红细胞内引起的一种血孢子虫病，媒介是昆虫。防止媒介昆虫进入鸡舍或杀灭鸡舍周围的媒介昆虫，是防治本病的根本。掌握本病的规律，在流行前或流行初期用药物预防，能收到满意的效果。

预防可选服下列药物：磺胺二甲氧嘧啶 25～75 毫克 / 千克或乙胺嘧啶 1 毫克 / 千克混于饲料，磺胺喹噁啉 77～130 毫克 / 千克混于饲料中。上述药物在流行期连续服用，均有良好效果。此外，在该病流行季节之前，用氯羟吡啶 125 毫克 / 千克混于饲料连续内服，有良好效果。

治疗可选用：磺胺二甲氧嘧啶 500 毫克 / 升饮水 3～7 天，然后再用 300 毫克 / 升饮水 2 天；磺胺二甲氧嘧啶 400 毫克 / 千克和乙胺嘧啶 4 毫克 / 千克混于饲料连续服用 1 周后，改用预防剂量；复方敌菌净 200 毫克 / 千克混于饲料连续用，为防止药物中毒，可连续服用 5 天，停药 2～3 天，然后再服用。注意适时改换药物，以免产生抗药性。

16. 鸡支原体病如何防治？

（1）加强鸡的管理　降低饲养密度，改善鸡舍通风条件，减少粉尘，保持舍内空气新鲜，定期清粪，防止氨气、硫化氢等有害气体刺激，均是防止本病的重要环节。此外，定期带鸡消毒，可防止病原菌侵入及诱发本病。

（2）**防止垂直传播**　从已净化支原体的种鸡场购买雏鸡，并在 1～5 日龄添加抗生素防止本病的传播。

（3）**免疫接种**　7～15 日龄接种疫苗。

（4）**治疗**　选用恩诺沙星、氧氟沙星、多西环素效果较好。

17. 鸡球虫病如何防治?

预防方面，主要是消灭卵囊，切断其生活史，不让其有孢子化的条件。具体做法是鸡群要全进全出，鸡舍要彻底清扫、消毒，雏鸡和成年鸡要分开饲养，保持环境清洁、干燥和通风，喂给全价饲料，笼养或网养有利于防治本病。粪便及时清扫，粪便及垫料堆积发酵处理。

同时，用药物进行预防，抗球虫药应从 12～15 日龄的雏鸡开始给药，坚持按时、按量给药，特别要注意在阴雨连绵或饲养条件差时更不可间断。平时给所有的雏鸡连续投服低剂量的抗球虫药，以防止球虫的感染，或将感染率降低到一个较低的水平。为预防球虫在接触药物后产生抗药性，应采用穿梭方案经常变换药物。鸡也可考虑使用球虫活疫苗，2～5 日龄初免，1 周后重复免疫 1 次，以加强免疫效果。免疫后 2 周内禁用有抗球虫活性的药物，10 天内不要换垫料。

治疗方面，一般用抗球虫药治疗，效果就很明显。常用抗球虫药有：尼卡巴嗪、氨丙啉、氯羟吡啶（克球粉）、鸡宝–20、磺胺氯吡嗪钠（三字球虫粉）、盐霉素、氯嗪苯乙腈（地克珠利）等。在治疗的同时，补加维生素 K，每只每日 1～2 毫克，鱼肝油 10～20 毫升或维生素 A、维生素 D 粉适量，并适当增加多种维生素用量。

18. 鸡羽虱如何防治?

（1）**内服用药**　伊维菌素 5 克/袋，每袋含有效药物 5 毫克。

病鸡按 0.2 毫克 / 千克体重，混于饲料中内服，每隔 10 天后，按 0.2 毫克 / 千克体重，再投药 1 次，连用 3 次。

（2）外部用药　用 2.5% 高效氯氰菊酯乳油，以 60 毫克 / 千克浓度喷鸡笼、鸡体和地面及墙壁。用药量不能过大，以稍湿润为度，每周 1 次，连用 3 次。

19. 林下养鸡为什么要定期驱虫？

林下养鸡接触地面，病鸡粪便污染饲料、饮水、土地，使得虫卵"接力传染"，所以鸡群应定期进行驱虫。驱蛔虫，初次在 60 日龄，间隔 2 个月再驱虫 1 次，选用左旋咪唑 10 毫克 / 千克体重。在 90 日龄驱绦虫，用丙硫苯咪唑 10 毫克 / 千克体重，混料一次内服。

20. 林下养鸡营养缺乏症有哪些？如何防治？

育雏阶段易患维生素 A、维生素 B_1、维生素 B_2、维生素 D 缺乏症，可在饲料中添加维生素 AD_3 粉和 B 族维生素。冬季放养期间，青饲料缺乏及外界气温低，可供采食的饲料不多，特别要注意提高精料混合料的能量水平和多种维生素含量。

21. 鸡啄癖如何防治？

（1）饲养密度不宜过大　放养鸡活动量大，爱打斗。鸡群一般以 300 只为宜，放养密度每亩 30～50 只；舍内每平方米 8～10 只，并设置栖架，以增加活动空间。

（2）加强饲养管理　群应按个体大小和强弱不同分群喂养，以防以大欺小、以强欺弱，造成小鸡、弱鸡被啄伤，并养成啄癖。育成鸡光照应控制在每日 9 小时内，开产后逐渐延长至 16～18 小时，若突然增加，则易引起啄癖。光照最好用红光，光照不宜过强，以免影响休息。配置足够的料槽，补饲足量营养全面的饲料。

（3）断喙　林下放养鸡的断喙，首先应该是防止育雏期间啄癖的发生，减少饲料浪费的同时，保证到鸡放养时，喙能完全恢复，鸡能正常啄食，以及销售时不影响其售价。因此，断喙的方法与笼养鸡不同。放养鸡的雏鸡断喙一般在 9～12 日龄进行，此时对鸡的应激小，可节省人力，还可以预防早期啄癖的发生。用 150～200 瓦电烙铁，右手握住电烙铁，左手提鸡，左手的拇指放在鸡头顶上，食指放在咽下，略施压力，使鸡缩舌，通过高温将上喙距喙尖 2 毫米处烙断或使喙尖颜色发黑或焦黄。

22. 疫苗点眼（或滴鼻）操作要点有哪些?

点眼、滴鼻用滴管，事先用 1 毫升水试一下，看有多少滴。以每毫升 20～25 滴为好，每只鸡 2 滴，每毫升滴 10～12 只鸡，如果 1 瓶疫苗是用于 500 只鸡的，如增加半倍量，就稀释成 500 × 50% ÷ 10 ＝ 25（毫升）。

疫苗应用生理盐水、蒸馏水或专用稀释液稀释，不能用自来水，避免影响免疫接种的效果。

点眼、滴鼻的操作方法：左手轻轻握住鸡体，食指与拇指固定住雏鸡的头部，右手用滴管吸取药液，滴入鸡的鼻孔或眼内，当滴在鼻孔或眼中的药液完全吸入后，方可放下鸡。

23. 饮水免疫应注意什么?

①在投放疫苗前，要停供饮水 2～3 小时（依不同季节酌定），以保证鸡群有较强的渴欲，能在 30 分钟内把疫苗水饮完。

②配制鸡饮用的疫苗水，现用现配，不可事先配制备用。水中应不含有氯和其他杀菌物质。盐碱含量较高的水，应煮沸、冷却，待杂质沉淀后再用。有条件时可在疫苗水中加 2% 的脱脂奶粉，对疫苗有一定的保护作用。

③饮水器的数量应充足、摆放均匀，可供全群 2/3 以上的鸡同时饮上水。应避免使用金属饮水器，饮水器使用前不应消毒，

但应充分洗刷干净，不含有饲料或粪便等杂物。

④稀释疫苗的用水量要适当。正常情况下，每500份疫苗，2日龄至2周龄用水2～3升，2～4周龄3～5升，4～8周龄5～7升。

24. 林下养鸡还有哪些免疫方法？

（1）翼下刺种法 主要适用于鸡痘疫苗、鸡新城疫Ⅱ系疫苗的接种。进行接种时，先将疫苗用生理盐水或蒸馏水按一定倍数稀释，然后用消毒接种针或蘸水笔尖蘸取疫苗，刺种于鸡翅膀内侧无血管处。雏鸡刺种1针即可，较大的鸡可刺种2针。

（2）肌内注射法 主要适用于接种鸡新城疫Ⅰ系疫苗、新城疫油苗、禽流感油苗。注射部位可选择胸部肌肉、翼根内侧肌肉或腿部外侧肌肉。

（3）皮下注射法 主要适用于接种鸡马立克氏病弱毒疫苗、新城疫Ⅰ系疫苗等。接种鸡马立克氏病弱毒疫苗，多采用雏鸡颈背皮下注射法。注射时先用左手拇指和食指将雏鸡颈背部皮肤轻轻捏住并提起，右手持注射器将针头刺入皮肤与肌肉之间，然后注入疫苗。

25. 接种疫苗时应注意那些事项？

（1）严格按说明书要求进行接种疫（菌）苗 疫苗的稀释倍数、剂量和接种方法等，都要严格按照说明书规定进行。

（2）疫苗应现配现用 稀释时绝对不能用热水，稀释的疫苗不可置于阳光下暴晒，应放在阴凉处，且必须在2小时内尽快用完。

（3）接种疫苗的鸡群必须健康 只有在鸡群健康状况良好的情况下接种，才能取得预期的免疫效果。对环境恶劣、疾病、营养缺乏等情况下的鸡群接种，往往效果不佳。

（4）妥善保管、运输疫苗 生物药品怕热，特别是弱毒苗必须低温冷藏，要求在0℃以下，灭活苗保存在4℃左右为宜。要防止温度忽高忽低，运输时要有冷藏设备。若疫苗保管不当，如不用冷藏瓶提取疫苗，存放时间过久而超过有效期，或冰箱冷藏条件差，均会使疫苗降低活力，影响免疫效果。

（5）选择接种疫苗的恰当时间　接种疫苗时，要注意母源抗体或其他病毒感染时，对疫苗接种的干扰和抗体产生的抑制作用。

（6）接种疫苗的用具要严格消毒　对接种用具必须事先按规定消毒。遵守无菌操作要求，接种后所用容器、用具也必须进行消毒，以防感染其他鸡群。

（7）接种疫苗时能用和禁用的药物　在接种活菌苗前、后各5天，应停止使用抗生素和抗病毒类药物；接种疫苗前后，应添加多种维生素、电解质，以减少应激。

26. 林下养鸡推荐免疫程序有哪些？

林下养鸡推荐的免疫程序见表7-1、表7-2。

表7-1　林下养鸡推荐的免疫程序　（适用于育肥用太行鸡公鸡）

日　龄	疫　苗	接种方法
1	鸡马立克氏病疫苗	颈部皮下注射
3	鸡球虫病疫苗	口　服
5	鸡新城疫、鸡传染性支气管炎二联活疫苗	点眼、滴鼻
12	鸡传染性法氏囊病低毒力活疫苗	饮　水
14	禽流感灭活疫苗	颈部皮下注射
20	鸡球虫病疫苗	饮　水
22	鸡新城疫低毒力活疫苗	饮　水
26	鸡传染性法氏囊中等毒力活疫苗	饮　水
35	禽流感灭活疫苗	肌内注射
50～60（放养时）	鸡新城疫Ⅰ系苗、鸡痘弱毒疫苗	肌内注射＋翅下刺种
110～120	新城疫克隆30或Ⅳ系疫苗	饮　水

表7-2　林下养鸡推荐的免疫程序 （适用于太行鸡产蛋鸡）

日　龄	防治疫病	疫　苗	接种方法
1	鸡马立克氏病	鸡马立克氏病疫苗	颈部皮下注射
3	鸡球虫病	鸡球虫病疫苗	口　服
5	鸡新城疫、鸡传染性支气管炎	鸡新城疫、鸡传染性支气管炎二联活疫苗	点眼、滴鼻
12	鸡传染性法氏囊病	鸡传染性法氏囊低毒力活疫苗	饮　水
14	禽流感	禽流感灭活疫苗	颈部皮下注射
20	鸡球虫病	鸡球虫病疫苗	饮　水
22	鸡新城疫	鸡新城疫低毒力活疫苗	饮　水
26	鸡传染性法氏囊病	鸡传染性法氏囊中等毒力活疫苗	饮　水
35	禽流感	禽流感灭活疫苗	肌内注射
50～60（放养时）	鸡新城疫	鸡新城疫灭活疫苗、鸡痘	肌内注射＋翅下刺种
110	鸡新城疫、鸡传染性支气管炎、鸡减蛋综合征	鸡新城疫、传染性支气管炎、减蛋综合征三联灭活疫苗	肌内注射
120	鸡　痘	鸡痘弱毒疫苗	刺　种
	禽流感	禽流感灭活疫苗	肌内注射

备注：喉气管炎易发区，分别在45和90日龄接种喉气管炎疫苗。

27. 注射疫苗注意事项有哪些？

①注射器、针头及注射管每次使用前要进行消毒（蒸或煮沸20分钟），选用短些的锋利针头，禁用钝与带钩的针头。注射中经常查看针头是否阻塞，阻塞的针头应即时更换，一般每注射100～150只鸡换1个针头。连续注射器的调节器也应不断查看、调整，以确保剂量准确。

②弱毒疫苗溶液必须现用现配，稀释液应根据说明书的规定选用，一般用生理盐水或专用稀释液稀释。配制程序如下：用经

消毒的针头与针管吸取 2～3 毫升稀释液，注入疫苗瓶中，轻轻摇匀。再用注射器抽出此液，放到稀释液大瓶中，如此重复 1～2 次，这样将全部疫苗中的弱毒粒子混于稀释液中，从而提高免疫效果。最后，摇动大瓶疫苗溶液，使其混匀，但不要产生气泡。

③灭活油乳剂疫苗注射前，应先放入舍内 5～10 小时，使其升至舍温，能减少对鸡注射部位的刺激，增强疫苗的流动性；使用前摇动疫苗 30～60 秒钟后再注射，明显分层的油乳剂疫苗严禁使用。

28. 林下养鸡预防用药程序是什么？

1～5 日龄，饮水中加电解多维及 5% 的葡萄糖，可以迅速补充能量，降低应激，防止脱水，提高成活率。

2～7 日龄，每 100 千克饲料加入诺氟沙星 20～30 克；阿莫西林饮水，每日 2 次，每克阿莫西林加水 10 升，连用 3～5 天；预防大肠杆菌病、沙门氏菌病、脐炎等。以后视鸡体情况，在技术人员的指导下合理用药。

24～30 日龄，在饲料中加地克珠利或氯羟吡啶粉，防治球虫病。

60 日龄、120 日龄时，喂驱虫药 1 次。

29. 林下养鸡用药有什么讲究？

使用药物是防治鸡病的有效措施之一。为了保证药物的防治效果，用药时要根据鸡的饲料特点、不同的疾病及药物特点来选择最恰当的投药方法，从而使药物发挥出良好的疗效，达到防治疾病的目的。

（1）拌料　这是针对规模比较大的鸡群经常使用的方法。适用于大群投药、不溶于水的药物及慢性疾病，如大肠杆菌病、沙门氏菌病及其他肠道疾病、球虫病等。适于拌料的药物有磺胺类药、抗球虫药、土霉素等。用药时一定要根据使用说明书准确计

量，同时务必混合均匀。

（2）饮水　通过饮水来投药时，药物吸收较快，一般适用于短期投药，紧急治疗，病鸡只饮水不吃料。饮水投药时，要选用易溶于水的药物。将易被破坏的药物溶于少许饮水中，让鸡在短时间内饮完；也可以将不易被破坏的药物稀释到一定浓度，分早、晚两次饮用。用药前，根据季节、鸡的品种、饲养方式、鸡群情况停止供水 1～3 小时，鸡的饮水量约为采食量的 2 倍，故在自由饮水时水中的药物浓度应是拌料时的1/2。

（3）口服　此法一般适用于个别治疗，虽费时费力，但剂量准确、治疗效果比较确实，当鸡已无食欲时可用此法。片剂或胶囊可经口投入食管上端；如果是不溶于水的粉剂，则可加在少许料中拌湿后再口服。口服时应注意避免将药物投入气管内。

（4）注射　常用肌内注射法，肌内注射的优点是吸收速度快、完全，适用于逐只治疗，尤其是紧急治疗时，效果更好。对于难经肠道吸收的药物，如链霉素、红霉素、庆大霉素等，在治疗非肠道感染时，可用肌内注射法给药。注射部位一般在胸部注射时不可直刺，要由前向后呈45°角斜刺入 1～2 厘米，不可刺入过深。腿部注射时要避开大的血管，不要在大腿内侧注射。

（5）外用　体表给药，多用来杀灭体外寄生虫，常用喷雾、药浴、喷洒等方法。

30. 林下养鸡有哪些药"忌口"？

在接种疫苗期间，使用链霉素、磺胺类、抗病毒西药（利巴韦林、吗啉胍等）及抗病毒中草药，会影响家禽的免疫系统，产生免疫抑制。

为防止药物残留，产蛋期间禁止使用抗生素。如鸡患病，选择治疗药物时，也应选择对产蛋无影响的药物，并执行严格的休药期，期间产的鸡蛋不作食用。金霉素、磺胺类等药物还会影响产蛋。

鸡终生禁用的药物有氯霉素、呋喃类、激素类等。

31. 常用消毒药有哪些?

市场上各种各样的消毒药很多,但在生产中使用的主要有以下几种:

(1) **酚类** 主要有苯酚(石炭酸)、煤酚皂溶液(来苏儿)、复合酚(菌毒敌)等。一般使用于鸡场、棚舍、非金属设备的消毒。因有特异气味,肉、蛋的运输车辆及蛋库不宜使用。

(2) **酸类** 如过氧乙酸,一般使用于鸡场、棚舍、设备及带鸡消毒,并可降低舍内的氨味。

(3) **碱类** 主要有氢氧化钠(苛性钠)、氧化钙(生石灰)等。主要用于地面、消毒池的消毒。

(4) **醛类** 如甲醛溶液(福尔马林),常用于种蛋、蛋箱、棚舍的消毒。

(5) **氧化剂** 如高锰酸钾,常用于洗刷水槽、饮水器及器械的消毒,与甲醛配合用于种蛋、蛋箱、棚舍的熏蒸消毒。

(6) **卤素类** 主要有速效碘、漂白粉(含氯石灰)、二氯异氰尿酸钠(优氯净)等。一般使用于鸡场、棚舍、设备的消毒,氯制剂可用于带鸡及饮水消毒。

(7) **季铵类化合物** 如百毒杀,常用于孵化厂、设备、棚舍的消毒。

32. 鸡场为什么要经常消毒? 带鸡消毒应注意什么?

消毒是林下养鸡综合防疫的重要组成部分,通过消毒能有效地杀灭放养区及生活环境中的病原微生物,创造良好的卫生环境,对保障鸡群健康起到重要作用。

带鸡消毒应注意事项:

(1) **选药** 首先选择广谱、高效、杀菌作用强而毒性、刺激性低,对金属、塑料制品的腐蚀性小,不会残留在肉和蛋中的消毒药。常用的消毒药有百毒杀、拜洁、过氧乙酸、次氯酸钠、新洁尔灭等。

（2）科学配制药液　配制消毒药液应选择杂质较少的深井水或自来水，水温一般控制在 30～45℃。寒冷季节水温要高一些，以防水分蒸发引起鸡受凉造成鸡群患病；炎热季节水温要低一些，以便消毒同时起到防暑降温的作用；消毒药用水稀释后稳定性变差，应现配现用，一次用完。

（3）消毒器械的选择和正确喷药　消毒器械一般选用高压动力喷雾器或背式喷雾器朝鸡舍上方以画圆圈方式喷洒，雾粒直径在 80～120 微米。雾粒太小易被鸡吸入呼吸道，引起肺水肿，甚至诱发呼吸道病；雾粒太大易造成喷雾不均匀和鸡舍太潮湿。

（4）喷雾消毒的频率和喷雾量　一般情况下，每周消毒 2～3 次，夏季、疾病多发或热应激时，可每天消毒 1～2 次。雏鸡太小不宜带鸡喷雾消毒，1 周龄后方可进行带鸡消毒。一般喷雾量按每平方米 30～50 毫升计算，平养喷雾量少一些，中、大鸡喷雾量多一些。

（5）应注意的问题　①活疫苗免疫接种前、后 3 天内停止带鸡消毒，以防影响免疫效果。②为避免对鸡造成应激，喷雾消毒时间最好固定，且应在暗光下进行。③消毒后应加强通风换气，便于鸡体表及鸡舍干燥。④根据不同消毒药的消毒作用、特性、成分、原理，按一定的时间交替使用，以防病原微生物对消毒药产生抗药性。

33. 怎样搞好放养鸡舍清扫、检修及消毒？

上批鸡出栏后，马上清除鸡粪、产蛋窝垫料等物。对房顶、墙壁及地面进行彻底清扫，用高压水枪冲洗地面。检修鸡舍照明系统、栖架、产蛋窝等，检修之后再次彻底清扫舍内及舍外四周，确保无粪便、尤羽毛、尤杂物，然后再进行冲洗。从上到下进行冲洗，冲洗干净后再进行消毒。消毒程序如下：墙壁、地面、产蛋窝，不怕火烧部分可用火焰喷烧消毒，然后其他部分和顶棚、墙壁、地面用无强腐蚀性的消毒药物喷洒消毒，最后用福尔马林42毫升＋高锰酸钾21克/米³密闭熏蒸消毒24小时以上。抽样检查效果不合格要重新消毒。

34. 为什么微生态制剂可以提高鸡的抗病力？

微生态制剂是指对宿主有益无害的活的正常微生物或正常微生物促生长物质经过特殊工艺制成的制剂。有益菌在机体内的形成优势菌落，能有效地黏附、占位，排斥和抑制致病菌繁殖，起到以菌治菌的作用；有益微生物在代谢过程中产生杆菌肽、有机酸，对病原性细菌有抑制或杀灭作用，可防治肠道的慢性炎症；产生的活菌酶有效地促进放养鸡肠道内营养物质的消化和吸收，提高饲料转化率；刺激双歧杆菌的增殖，增强机体消化吸收功能和抗病能力，能抑制腐败菌的繁殖，从而降低肠道和血液中的肉毒素及尿素酶的含量，把促成恶臭的氨、硫化氢、甲基硫醇、三甲胺等当作食饵（基质）分解掉，从而有效地减少有害气体产生；可诱导产生干扰素，提高非特异性免疫球蛋白的浓度，刺激巨噬细胞的活性，提高疫苗的保护率。因此，微生态制剂可以提高鸡的抗病力。

35. 林下养鸡疾病诊断主要有哪些？

林下养鸡疾病诊断的目的是为了尽早地识别疾病，以便采取及时有效的防治措施。鸡病的诊断主要包括流行病学调查、临床检查、病理解剖检查、实验室化验诊断。只有及时正确的诊断，防治工作才能有的放矢，使鸡群病情得到控制，免受更大的经济损失。

36. 如何调查林下养鸡的流行病？

许多鸡病的临床表现非常相似，甚至雷同，但各种病的发病时机、季节、传播速度、发展过程、易感日龄、鸡的品种、性别及对各种药物的反应等方面各有差异，这些差异对鉴别诊断有非常重要的意义。一般进行过预防接种的，在接种免疫期内可排除相关的疫病。因此，在发生疫情时要进行流行病学调查，以便结合临床症状和化验结果，最后确诊。

（1）发病时间　了解发病时间，借以推测疾病是急性还是慢性。

（2）病鸡年龄　若各年龄鸡发病后的临床症状相同，而且发病率和死亡率都比较高，可怀疑为鸡新城疫、禽流感；若1月龄内的雏鸡大批死亡，而且排白色稀便，主要应怀疑为鸡白痢；单纯排白色便，自啄肛门，死亡率不高，这是鸡传染性法氏囊病的表现；若成年鸡临床上仅表现呼吸困难，死亡率不高，产畸形蛋，产蛋率下降，可怀疑为鸡传染性支气管炎；有神经症状，可怀疑为鸡脑脊髓炎和脑软化症。此外，30～50日龄的雏鸡多发生鸡球虫病、包涵体肝炎、锰缺乏症和维生素 B_2 缺乏症。

（3）病史及疫情　了解放养区的鸡群过去发生过什么重大疫情，有无类似疾病发生，借此分析本次发病与过去疾病的关系。如过去发生过禽霍乱、鸡传染性喉气管炎，而又未对鸡舍进行彻底消毒，鸡群也未进行预防接种，可怀疑为旧病复发。

了解附近养禽场（户）的疫情情况。如果有些场（户）的家禽有气源性传染病，如鸡新城疫、传染性支气管炎、鸡痘等病流行时，可能迅速波及本鸡群。

了解本场引进种蛋、种鸡地区流行病学情况。有许多疾病是经蛋和种鸡传递的，如新引进带菌、带病毒的种鸡与本场内鸡群混养，常引起一些传染病的暴发。

了解本地区各种禽类的发病情况。当鸡群发病的同时，其他家禽是否发生类似疾病，这对诊断非常重要。例如，鸡、鸭同时出现急性死亡，可怀疑为禽霍乱；仅鸡发生急性传染病时，可怀疑为鸡新城疫、传染性支气管炎、传染性喉气管炎等。

（4）饲养管理及卫生状况　鸡群饲养管理、卫生条件不佳，往往是引起鸡新城疫免疫失败的重要因素，也常导致鸡群中不断出现非典型病例；饲养密度大，通风不良，常成为发生呼吸器官疾病和葡萄球菌病的致病条件；饲料单一或饲粮中某些营养物质缺乏或不足，常引起代谢病的发生，进而导致机体抵抗力降低，容易发生继发性传染病和预防接种后不能产生良好的免疫效果。喂发霉饲料，则会引起腹泻。

（5）生产性能　影响鸡群产蛋率的主要疾病有鸡新城疫、传染性支气管炎、传染性喉气管炎、败血支原体病、传染性鼻炎和减蛋综合征等多种疾病。鉴别这些疾病时，应结合临床症状、病理解剖变化和实验室检验综合判定。若不伴有其他明显症状，而仅表现产蛋率下降，可怀疑为鸡传染性支气管炎、减蛋综合征；鸡群产软壳蛋，常见于钙和维生素D的代谢障碍或分泌蛋壳功能失常。然而，当鸡群产生应激时，也可能出现软壳蛋；鸡群产畸形蛋，常见于输卵管功能失常，造成蛋壳分泌不正常。当鸡群患传染性支气管炎时，除蛋壳外形变化外，蛋清也变得稀薄如水。

（6）疾病的传播速度　短期内在鸡群中迅速传播的疾病有鸡新城疫、传染性支气管炎、传染性喉气管炎、传染性鼻炎等。鸡群中疾病散在发生时，可怀疑为慢性禽霍乱和淋巴性白血病。

（7）疫苗接种及用药情况　对鸡新城疫预防接种情况要进行细致的了解，如疫苗种类、接种时间和方法、疫苗来源、保存方法、抗体监测结果等，都可作为疾病分析和诊断的参考。对禽霍乱、鸡痘、鸡传染性法氏囊病、马立克氏病的预防接种情况也要了解。此外，还要了解鸡群发病后的投药情况，如发病后喂给抗生素及磺胺类药物后病鸡症状减轻或迅速停止死亡，可怀疑为细菌性疾病，如禽霍乱、沙门氏菌病等。

37. 林下养鸡怎样进行临床检查？

（1）全群状态的观察　在离鸡群有一段距离或鸡舍内一角，肉眼直接观察，静静地窥视全群的状态，防止惊扰鸡群，以便发

现各种异常表现，为进一步诊断提供线索。

①采食量和饮水量的观察　正常情况下鸡群采食迅速，适量饲料在规定时间内即可吃完。当发现采食量减少，不能吃完规定的饲料量便是病态的前兆，病鸡多出现挑食、拒食或出现异食，采食量下降或不食。出现拒食鸡或整群鸡采食量下降，鸡群可能出现中毒或恶性传染病。有异常嗜好的鸡，则可能出现营养缺乏症，如啄食羽毛，多因缺乏蛋氨酸、食盐及维生素等。不少病例表明，患病时采食量减少，而饮水量增加。饮水量增加可能是长期缺水，热应激，饲料中食盐含量高，其他热性病（如鸡痘）；饮水量明显减少可能是温度太低，濒死期，药物异味。

②羽毛和体况观察　健康鸡羽毛整洁、紧凑而有光泽，排列匀称。羽毛无光、蓬乱、逆立、污秽，提前或推迟换毛，多见于某些慢性病或营养不良。例如，幼龄鸡背羽、尾羽稀少及生长不良是烟酸、叶酸和泛酸钙、锌或硒等缺乏症的表现；产蛋鸡主翼羽脱落并伴随减蛋可能为蛋氨酸缺乏症；羽毛根部被一层异常组织（霉菌套膜）所包围，多为黄癣病。营养良好的鸡群，体重达到或接近标准，均匀度良好，肌肉丰满而有弹性；营养不良的鸡，胸部肌肉少，龙骨突出如刀脊状，整群均匀度差。如果饲料中缺乏钙、磷和维生素 D，或钙磷比例不平衡，则龙骨凹陷，弯曲呈"S"状，这种情况在生长阶段最为常见。

③姿势和行为观察　正常情况下，鸡群反应灵敏，活动迅速，分布均匀。若拥挤或站立不稳，身体发抖，有的鸡扎到角落里或挤堆，多见于鸡舍温度过低、贼风或发生了疾病（如肾型传染性支气管炎）；若鸡群撑翅伸颈，张嘴喘气，呼吸急促，饮水频繁，远离热源，说明鸡舍内温度过高；当头、尾和翅膀下垂，闭目缩颈，行走无力时则为病态表现。如鸡腹部胀大、下垂，呈企鹅状行走，多见于腹水症、卵黄性腹膜炎；仰头蹲式，呈观星姿势，多见于维生素 B_1 缺乏症；趾爪向内卷曲，站立不稳，多见于维生素 B_2 缺乏症；两腿麻痹，不能站立，一肢向前伸，另

一肢后伸呈劈叉姿势，多见于马立克氏病；头部向一侧或向后弯曲，多见于新城疫或叶酸缺乏症；阵发性痉挛，外界轻微的刺激即可引起发作，多见于禽脑脊髓炎。

④**粪便的观察**　粪便的异常变化往往是疾病的预兆。正常鸡群的粪便不软不硬呈圆条状，灰褐色或黄褐色，表面附有少量白色尿酸盐，早晨部分鸡排出黄棕色糊状粪便。如果排水样粪便多由鸡舍湿度大、天气炎热、饮水过多引起；血便多见于球虫病；白色稀便多见于鸡白痢、副伤寒、痛风、肾型传染性支气管炎；黄白色稀便多见于传染性法氏囊病、大肠杆菌病；绿色粪便多见于新城疫、鸡痘、传染性喉气管炎、马立克氏病、禽霍乱。

⑤**呼吸情况**　观察鸡群呼吸时，应尽量使鸡处于安静状态，注意有无甩头、咳嗽、喷嚏。伸颈呼吸、流鼻液、眼睑肿胀等异常现象。若鸡群出现甩头、咳嗽、流鼻液，多见于传染性鼻炎；如鸡伸颈呼吸，多见于传染性支气管炎、慢性呼吸道疾病、传染性喉气管炎。患鸡传染性喉气管炎时可在墙壁、水槽、料槽、鸡笼上发现凝血块和血痰；鸡群张口喘气，多因气候炎热舍内温度过高所致。

⑥**鸡冠和肉髯的观察**　注意观察其色泽、形态有无异常。正常情况下，鸡冠和肉髯均鲜红，有光泽。鸡冠发白，多见于内脏器官出血、结核病、脂肪肝、淋巴性白血病等慢性病或营养缺乏症；鸡冠呈暗红色，多见于新城疫、禽流感、急性禽霍乱、急性热性疾病，也见于传染性喉气管炎、慢性呼吸道疾病和中毒症等；初开产鸡突然鸡冠萎缩，干燥黄白，多见于淋巴性白血病；鸡冠和肉髯上有突出于表面大小不一的水疱、脓疱，凹凸不平的黑色结痂，为皮肤型鸡痘的特征；肉髯单侧性肿大多为慢性禽霍乱，两侧性肿大多为传染性鼻炎。

⑦**眼睛的观察**　鸡眼睛的病变主要见于结膜、角膜和虹膜，应观察眼睛的形态和清洁度。鸡正常眼睛圆而有神。眼流泪、潮湿多见于维生素 A 缺乏症；眼结膜内有干酪样物，眼球隆起，

角膜中央有溃疡，常见于慢性呼吸道疾病、传染性鼻炎；结膜内有稍凸起的小溃疡灶，灶内有不易剥离的豆渣样物，多见于眼型鸡痘；虹膜变成灰色，瞳孔缩小，多见于马立克氏病。

⑧产蛋量和蛋的质量观察 健康鸡群产蛋时间多数集中在中午12时以前，少数在下午4时前产完，刚开产鸡群每天平均产蛋率均以2%～4%的速度递增，达到高峰期后，保持一段时间，而后逐周平滑下降。蛋形卵圆，蛋壳表面光滑均匀。如发现鸡群产蛋参差不齐，甚至夜间产蛋，产蛋率曲线突然变化，蛋壳质量下降、畸形蛋增加等，均属异常表现。产蛋率逐渐下降，下降幅度小，多见于大肠杆菌、气候突变或耗料减少；产蛋率剧减，蛋壳褪色，破蛋增加，多见于新城疫、传染性支气管炎、减蛋综合征或饲料出现严重质量问题；若软蛋、薄皮蛋多，常见于缺乏维生素 D_3，或饲料中钙含量不足。

⑨鸡舍小气候环境因素的观察 主要观察舍温、湿度、通风、光照、水质、卫生状况等。舍温较高，鸡群张口呼吸，同时频繁饮水，严重时引起中暑死亡；温度较低，鸡群扎堆；通风不良，尤其是冬季，为保温而减少通风量，造成舍内有害气体（如氨气、硫化氢等）含量过高，新鲜空气不够，使鸡眼睛流泪或造成呼吸道疾病发生；光照时间、强度不够均会影响增重、产蛋。有人认为，光照仅起到使鸡看见饮水、采食的作用，忽视了光刺激的作用，使鸡产蛋高峰上不去，产蛋下降，鸡冠发白、萎缩；水质和鸡舍卫生条件差均会损害鸡群健康，尤其是浅井水或污染的河水，梅雨季节来临，大量污染的地表水渗入井中，致使鸡群中大肠杆菌病、沙门氏菌病等细菌性疾病不断发生。

（2）个体检查 对整群鸡进行观察后，再挑选各种不同类型的病鸡进行个体检查，鸡冠、肉髯、眼、体况、羽毛等检查和上述群体检查基本相同；另外，还应注意检查以下一些内容。

①体温 用手掌抓住两腿或插入翼下，可感觉到明显的体温异常，天气炎热和患感冒、急性传染病时，体温会升高；天气寒

冷，体质消瘦或有心血管病时，体温会降低，特别是极度消瘦、濒死期鸡，明显感觉腿脚冰凉。当然准确的体温要用体温计插入肛门内，停留 5 分钟，然后读取体温值。

②喙　有无畸形，如上喙或下喙特别长，或呈交叉状，这主要由遗传所致；幼龄鸡维生素 D_3 缺乏会出现喙发软、喙弯曲、交叉喙等。

③口腔　注意检查舌的完整性，口腔黏膜的颜色及状态，有无发疹、脓疱、伪膜、溃疡、黏液等。例如，口咽部出现疹疱，这是黏膜型鸡痘症状；口腔上皮细胞角质化，特别是硬腭上有一层白色结节（或白色伪膜），见于维生素 A 缺乏症；如果黏液中混有血液，再检查喉头有无出血或干酪样栓子，这是传染性喉气管炎的特征。

④皮肤　检查皮肤是否光滑而富有弹性，有无结节、创伤、脓肿、坏疽、气肿、水肿、斑疹，颜色是否正常，是否有紫蓝色或红色斑块。例如，皮肤型鸡马立克氏病，可在毛囊处发生大小不同的肿瘤，雏鸡患硒或维生素 E 缺乏症时，常在胸膜部和两腿的皮下发生水肿，水肿部的皮肤呈蓝紫色或蓝绿色。

⑤嗉囊　检查嗉囊的大小、内容物的形态。例如，鸡患新城疫时，按压嗉囊有波动，将鸡头部倒垂，可流出大量腐败味黏稠液体；消化不良，吃入大量粗饲料或异物，嗉囊增大，按压呈面团状。

⑥腿脚　检查腿脚的完整性、韧带和关节的连接状态、关节有无肿胀等。例如，维生素 B_2 缺乏症可引起患禽跗关节着地，趾爪向内卷曲；内脏痛风可引起关节肿大、变形等。

38. 死鸡怎样处理？

在养鸡生产过程中，由于各种原因鸡死亡的情况时有发生。这些死鸡若不加处理或处理不当，尸体能很快分解腐败，散发臭气。特别应注意的是患传染病死亡的鸡，其病原微生物会污染大气、水源和土壤，造成疾病的传播与蔓延。死鸡的处理方法主要有以下几种：

（1）**高温处理法** 对畜禽尸体常用专门的焚烧炉加以焚烧。

（2）**土埋法** 这是利用土壤的自净作用使死鸡无害化。此法虽简单但并不理想，因其无害化过程很缓慢，某些病原微生物能长期生存，条件掌握不好就会污染土壤和地下水，造成二次污染。因此，对土质的要求是决不能选用沙质土（有些国家规定死鸡不能直接埋入土壤）。采用土埋法，必须遵守卫生防疫要求，即尸坑应远离鸡场、鸡舍、居民点和水源；掩埋深度不小于2米；死鸡四周应洒上消毒药剂。

39. 怎样进行鸡粪无害化处理？

①在远离鸡舍的下风区设鸡粪处理场，周围用网围住，以防鸡刨食。

②贮粪池建有雨棚，防止雨水冲淋粪渣造成二次污染。

③每日将清理出的粪便与适量秸秆粉掺和，掺入多少视鸡粪含水量而定，一般发酵要求60%的含水量，也就是手捏成团，手指缝见水，但不滴水，松手一触即散。然后拌入厌氧发酵菌种，采用人工或机械翻堆，搅拌均匀后放入发酵池。冬季外界温度低，加盖塑料薄膜增温。堆好的粪渣，在发酵菌的作用下会不断发酵升温。经高温发酵，能有效杀死和消除畜禽粪便中所含的病原菌、寄生虫卵、蝇蛆、杂草种子及不利于植物生长的有毒有害物质。

八、林下生态养鸡的产品
质量认证、包装与运输

林下生态养鸡生产的产品质量比较高，要进入市场获得更高的附加值，应进行相应等级的产品质量认证。林下生态养鸡的产品质量标准由低到高分为无公害、绿色和有机产品3个等级。

1. 什么是无公害农产品？无公害农产品标志的含义？

无公害农产品指产地环境、生产过程和产品质量均符合国家有关标准和规范的要求，经认证合格获得认证证书并允许使用无公害农产品标志的未经加工或者初加工的农品。

无公害农产品产地环境必须经有资质的检测机构检验灌溉用水（畜禽饮用、加工用水）、土壤、大气等符合国家无公害农产品生产环境质量要求，产地周围3千米范围内没有污染企业，蔬菜、茶叶、果品等产地应远离交通主干道100米以上；无公害农产品产地应集中连片、产品相对稳定，并具有一定规模。严格来说，无公害是食品的一种基本要求，普通食品都应达到这一要求。

无公害农产品标志图形由麦穗、对勾和无公害农产品字样组成，麦穗代表农产品，对勾表示合格，金色寓意成熟和丰收，绿色象征环保和安全（图8-1）。

图 8-1　无公害食品标志

2. 怎样进行林下生态养鸡无公害农产品产地认定？流程是什么？

林下生态养鸡应进行无公害农产品产地认证，有助于提高产品档次和市场竞争力。林下养鸡无公害农产品产地认证程序：

①申请产地认定的单位和个人（以下简称申请人），向产地所在地县级人民政府农业行政主管部门，如县农牧局（以下简称县级农业行政主管部门）提出申请，并提交以下材料：《无公害农产品产地认定申请书》；产地的区域范围、生产规模；《产地环境检验报告》及《产地环境现状评价报告》（省级工作机构选定的产地环境检测机构出具）或《产地环境调查报告》（省级工作机构出具）；无公害农产品生产计划；无公害农产品质量控制措施；专业技术人员的资质证明；保证执行无公害农产品标准和规范的声明；要求提交的其他有关材料。

②县级农业行政主管部门自受理之日起 30 日内，对申请人的申请材料进行形式审查。符合要求的，出具推荐意见，逐级上报省级农业行政主管部门；不符合要求的，书面通知申请人。

③省级农业行政主管部门应当自收到推荐意见和产地认定申请材料之日起 30 日内，组织有资质的检查员对产地认定申请材料进行审查。材料审查不符合要求的，书面通知申请人。

④材料审查符合要求的，省级农业行政主管部门组织有资质的检查员参加检查组对产地进行现场检查。现场检查不符合要求的，书面通知申请人。

⑤申请材料和现场检查符合要求的，省级农业行政主管部门通知申请人委托具有资质的检测机构对其产地环境进行抽样检验。

⑥检测机构应当按照标准进行检验，出具环境检验报告和环境评价报告，分送省级农业行政主管部门和申请人。

⑦环境检验不合格或者环境评价不符合要求的，省级农业行政主管部门书面通知申请人。

⑧省级农业行政主管部门对材料审查、现场检查、环境检验和环境现状评价符合要求的，进行全面评审，并做出认定终审结论。符合颁证条件的，颁发《无公害农产品产地认定证书》；不符合颁证条件的，书面通知申请人。

⑨《无公害农产品产地认定证书》有效期为 3 年。期满后需要继续使用的，证书持有人应当在有效期满前 90 日内按照本程序重新办理（图 8-2）。

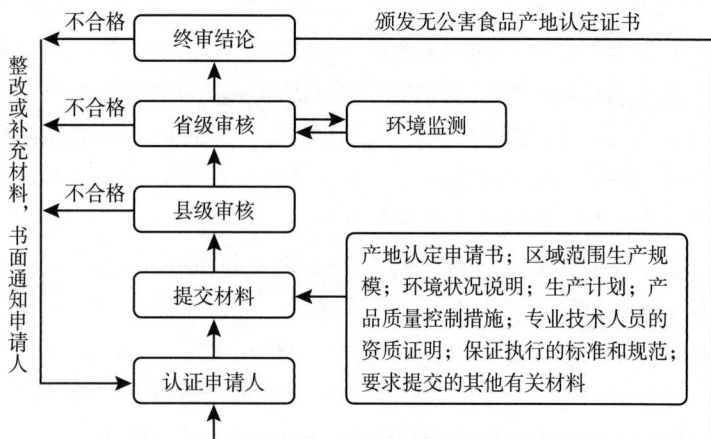

图 8-2　无公害农产品产地认定流程图

3. 怎样进行林下生态养鸡无公害农产品认证？流程是什么？

林下生态养鸡进行无公害农产品认证，等于对该产品颁发了等级市场通行证。产品认证程序：

①凡生产《实施无公害农产品认证的产品目录》内的产品，并获得无公害农产品产地认定证书的单位和个人，均可申请产品认证。

②申请产品认证的单位和个人（以下简称申请人），可以通过省、自治区、直辖市人民政府农业行政主管部门或者直接向农业部农产品质量安全中心（以下简称中心）申请产品认证，并提交以下材料:《无公害农产品认证申请书》；营业执照、注册商标、卫生许可证复印件;《无公害农产品产地认定证书》（复印件）;《无公害农产品内检员证书》复印件；无公害农产品生产质量控制措施（内容包括组织管理、投入品管理、卫生防疫、产品检测、产地保护等）；无公害农产品生产操作规程；最近生产周期农业投入品（农药、兽药等）使用记录复印件;《产地环境检验报告》及《产地环境现状评价报告》（省级工作机构选定的产地环境检测机构出具）或《产地环境调查报告》（省级工作机构出具);《产品检验报告》原件或复印件加盖检测机构印章（农业部农产品质量安全中心选定的产品检测机构出具）；专业技术人员的资质证明；保证执行无公害农产品标准和规范的声明；无公害农产品的生产计划；申请认证产品的生产过程记录档案，"公司＋农户"形式的申请人应当提供公司和农户签订的购销合同范本、农户名单以及管理措施；要求提交的其他材料。

③中心自收到申请材料之日起，在15个工作日内完成申请材料的审查。

④申请材料不符合要求的，中心书面通知申请人。

⑤申请材料不规范的，中心书面通知申请人补充相关材料。申请人自收到通知之日起，应当在15个工作日内按要求完成补充材料并报中心。中心在5个工作日内完成补充材料的审查。

⑥申请材料符合要求，但需要对产地进行现场检查的，中心在10个工作日内做出现场检查计划并组织有资质的检查员组成检查组，同时通知申请人并请申请人予以确认。检查组在检查计划规定的时间内完成现场检查工作。现场检查不符合要求的，书面通知申请人。

⑦申请材料符合要求（不需要对申请认证产品产地进行现场

检查的）或者申请材料和产地现场检查符合要求的，中心书面通知申请人委托有资质的检测机构对其申请认证产品进行抽样检验。

⑧检测机构按照相应的标准进行检验，并出具产品检验报告，分送中心和申请人。产品检验不合格的，中心书面通知申请人。

⑨中心对材料审查、现场检查（需要的）和产品检验符合要求的，进行全面评审，在15个工作日内做出认证结论。符合颁证条件的，由中心主任签发《无公害农产品认证证书》；不符合颁证条件的，中心书面通知申请人。

⑩《无公害农产品认证证书》有效期为3年，期满后需要继续使用的，证书持有人应当在有效期满前90日内按照本程序重新办理（图8-3）。

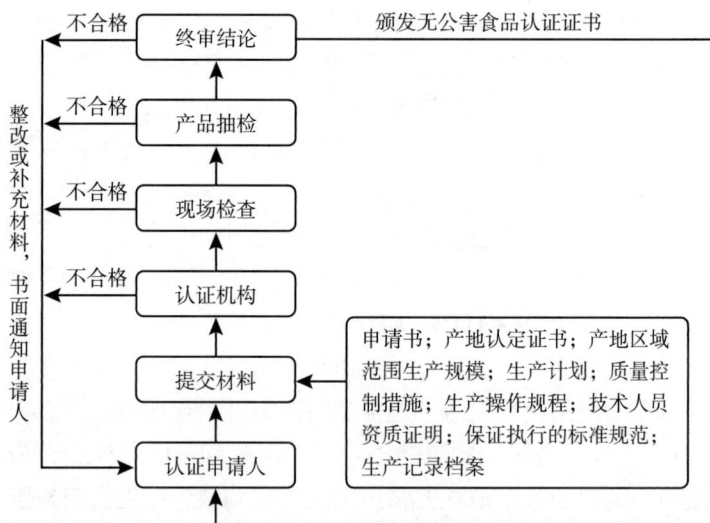

图8-3　无公害农产品认证流程图

4. 什么是绿色食品？绿色食品标志的含义是什么？

无污染、安全、优质、营养是绿色食品的特征。绿色食品是遵循可持续发展原则，按照特定生产方式生产，经专门机构认定，许可使用绿色食品标志商标的无污染的安全、优质、营养类食品。绿色食品生产中允许限量使用化学合成生产资料。绿色食品分为A级和AA级。AA级绿色食品在生产过程中不允许使用化学合成物，A级绿色食品在生产过程中运行限量使用限定的化学合成物。A级不是国际通用标准，在中国内地、香港和日本注册使用。

标准要求：①产品或产品原料的产地必须符合绿色食品的生态环境标准；②农作物种植、畜禽饲养、水产养殖及食品加工必须符合绿色食品的生产操作规程；③产品必须符合绿色食品的质量和卫生标准；④产品的标签必须符合中国农业部制定的《绿色食品标志设计标准手册》中的有关规定。

食品标志图形由三部分构成：上方的太阳、下方的叶片和中间的蓓蕾，象征自然生态。标志图形为正圆形，意为保护、安全。颜色为绿色，象征着生命、农业、环保。AA级绿色食品标志与字体为绿色，底色为白色；A级绿色食品标志与字体为白色，底色为绿色。整个图形描绘了一幅明媚阳光照耀下的和谐生机，告诉人们绿色食品是出自纯净、良好生态环境的安全、无污染食品，能给人们带来蓬勃的生命力。绿色食品标志还提醒人们要保护环境和防止污染，通过改善人与环境的关系，创造自然界新的和谐（图8-4）。

图8-4　AA级和A级绿色食品产标志图

5. 怎样进行林下生态养鸡产品的绿色食品认证?

绿色食品是我国农业部门（中国绿色食品发展中心）推广的认证食品，现已成为我国优质安全农产品精品形象的代表，成为推动我国农产品出口的重要力量。如何申请获得绿色食品认证，在其生产、加工的产品上使用绿色食品商标标志，其条件和认证程序是:

申请人条件:申请人必须具有企业法人资质、国家强制要求的相关资质，且同时具备以下条件;具备绿色食品生产的环境条件和技术条件;生产具备一定规模，具有较完善的质量管理体系和较强的抗风险能力;加工企业必须生产经营 1 年以上。有下列情况不能作为申请人:社会团体、民间组织、政府和行政机构;与中心和各级绿办有经济或其他利益关系的;可能引起消费者对产品来源产生误解或不信任的（如批发市场、粮库等）;纯属商业经营的企业（如百货大楼、超市等）。

绿色食品认证的程序:

（1）**认证申请**　申请人向中国绿色食品发展中心（以下简称中心）及其所在省（自治区、直辖市）绿色食品办公室（中心）（以下简称省绿办）领取《绿色食品标志使用申请书》、《企业及生产情况调查表》及有关资料，或从中心网站（www.greenfood.org.cn）下载。申请人将上述表格填写后与有关材料一并提交省绿办。

（2）**文件审核（文审）**　省绿办收到上述申请材料后，组织检查员对申请材料进行审查。

（3）**现场检查、产品抽样**　文审合格后，省绿办委派相应专业的检查员赴申请企业进行现场检查。检查员根据有关技术规范对申请认证产品的产地环境（根据《绿色食品　产地环境技术条件》)、生产过程投入品使用（根据《绿色食品　农药使用准则》《绿色食品　肥料使用准则》《绿色食品　食品添加剂使用准则》《绿色食品　饲料和饲料添加剂使用准则》《绿色食品　兽药使用准则》《绿色食品　渔药使用准则》等生产技术标准）、全程质量控制体系等有关项目进行逐项检查，按照收集或发现的有关记录、事实或信息，填写评估报告，并当场进行产品抽样。

（4）**环境监测**　经检查员现场检查，需要进行环境监测的，由省绿办委托绿色食品定点环境监测机构对申请认证产品的产地环境（大气、土壤、水）根据《绿色食品　产地环境技术条件》进行监测，并出具产地环境质量监测报告。

（5）**产品检测**　产品抽样后，绿色食品定点产品监测机构依据绿色食品各类产品质量标准对抽取样品进行检测并出具绿色食品产品质量检测报告。

（6）**认证审核**　中心认证部门对申请材料和检查员现场检查报告、产地环境质量监测报告、产品质量检测报告等相关材料进行综合审查。

（7）**认证评审**　绿色食品认证评审委员会对申请材料及中心认证部门审核意见进行全面评审，并做出评审意见（注：绿色食品认证评审委员会是绿色食品认证的技术支持机构。）中心主任根据认证评审意见做出审批结论。

（8）**颁证**　认证合格的申请人与中心签订《绿色食品　标志商标使用许可合同》。中心颁发证书并进行公告。

同时，中心还制定了绿色食品续展认证程序和绿色食品境外认证程序，在基本认证程序的基础上，根据相关要求做出适当的调整（图8-5）。

```
              ┌─────────────┐
              │  终审结论   │
              └─────────────┘
                    ↑
       ┌──────────────────────────────┐
       │ 绿色食品认证评审委员会（认证评审）│
       └──────────────────────────────┘
                    ↑
       ┌──────────────────────────────┐
       │ 中国绿色食品发展中心（认证审核）│
       └──────────────────────────────┘
                    ↑
              ┌─────────────┐
              │  环境调查   │
              │  现场检查   │
              │  产品抽样   │
              └─────────────┘
                    ↑
┌──────────┐   ┌─────────────┐   ┌──────────┐
│ 定点环境  │ ← │ 省绿办（文审）│ → │ 定点产品  │
│ 监测机构  │   └─────────────┘   │ 检测机构  │
└──────────┘         ↑            └──────────┘
              ┌─────────────┐
              │  提交材料   │
              └─────────────┘
                    ↑
              ┌─────────────┐
              │  认证申请人 │
              └─────────────┘
```

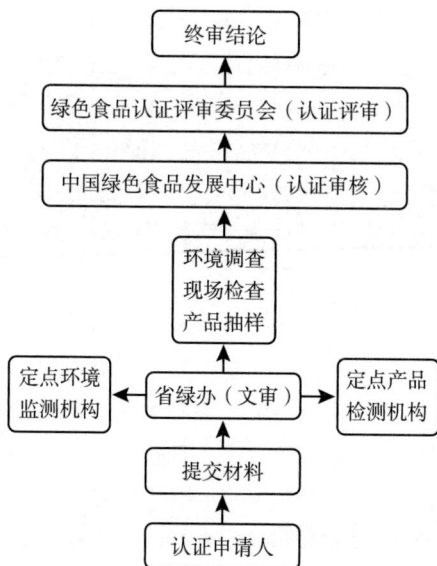

图 8-5　绿色食品认证流程图

6. 什么是有机产品？有什么要求？

随着人们生活水平的日益提高，对食品安全以及健康的关注度不断加强，以天然、健康、无污染、无添加为理念的有机产品大受欢迎。有机产品来自于有机农业生产体系，根据有机认证标准生产、加工、并经独立的有机产品认证机构认证的农产品及其加工品。国家制定了国标《有机产品　第 2 部分：加工》（GB / T 19630.2—2011），规定了有机产品生产、加工、标志与销售等各个环节的具体明确要求。

有机产品生产的基本要求：生产基地在 3 年内未使用过化学合成的肥料、农药、兽药、饲料添加剂、食品添加剂和其他有害于环境和健康的物质；种子或种苗来自自然界，未经基因工程技术改造过；生产单位需建立长期的土地培肥、植保、作物轮作和畜禽养殖计划；生产基地无水土流失及其他环境问题；作物在收获、清洁、干燥、贮存和运输过程中未受化学物质的污染；从常规种植（饲养）向有机种植（饲养）转换需 2 年以上转换期，新垦荒地例外；生产全过程必须有完整的记录档案。

有机产品加工的基本要求：原料必须是获得有机颁证的产品或野生无污染的天然产品；已获得有机认证的原料在终产品中所占的比例不得少于95%；只使用天然的调料、色素和香料等辅助原料，不用人工合成的添加剂；有机产品在生产、加工、贮存和运输过程中应避免化学物质的污染；加工过程必须有完整的档案记录，包括相应的票据。

有机产品具有以下几方面的特点：首先是原料的来源，有机产品的原材料全部来源于有机农业生产体系（或野生天然产品）。其次是产品的生产加工，有机产品也需要经历从原料到成品的加工过程，但整个过程需要符合严格生产指标。再次是完善的跟踪审查记录体系，通俗来说，市场上的每一件有机产品都有"身份证"，从原材料采集到生产，都有明确的跟踪记录，有据可查。最后是认证，只有经过独立的有机认证机构的认证，才能以有机的身份在市场上销售。

7. 有机产品标志有何含义及要求？

有机产品标志见图 8-6。

图 8-6　有机产品标志

"中国有机产品标志"的主要图案由 3 部分组成，即外围的圆形、中间的种子图形及其周围的环形线条。处于平面的环形又是英文字母"C"的变体，种子形状也是"O"的变形，意为"ChinaOrganic"。种子图形周围圆润自如的线条象征环形道路，与种子图形合并构成汉字"中"，体现出有机产品植根中国，有机之路越走越宽广。标志绿色代表环保、健康，表示有机产品给人类的生态环境带来完美与协调。橘红色代表旺盛的生命力，表示有机产品对可持续发展的作用。标志中间类似于种子的图形，代表生命萌发之际的勃勃生机，象征了有机产品是从种子开始的全过程认证，同时昭示出有机产品就如同刚刚萌发的种子，正在中国大地上茁壮成长。标志外围的圆形形似地球，象征和谐、安全，圆形中的"中国有机产品"字样为中英文结合方式；既表示中国有机产品与世界同行，也有利于国内外消费者识别。

国标《有机产品　第 2 部分：加工》（GB/T 19630—2011）规定有机标志使用要求每枚认证标志能够从市场溯源到对应的认证证书、产品和生产企业，做到信息可追溯、标识可防伪、数量可控制。该措施严厉打击了网上销售有机标志行为，遏制超范围、超数量使用有机标志情况。

新标准规定初次获得有机转换产品认证证书 1 年内生产的有机转换产品，只能以常规产品销售，不得使用有机转换产品认证标志及相关文字说明。标识为"有机"的产品应在获证产品的最小销售包装上加施中国有机产品认证标志及其唯一编号，二者缺一不可。

另外，标准首次提出进口有机产品的标识和有机标志的使用也应符合我国对有机标识和标志的管理要求。这个规定将规范进口有机产品标识的杂乱现象。

8. 怎样进行林下生态养鸡产品的有机产品认证？

有机产品是比绿色食品档次再高一级的食品，也是最高等级的食品。认证程序如下（仅供参考）。

（1）申　请

①申请人提出正式申请，向国家认监委或有资质的认证机构领取《有机产品认证申请表》（一式二份）、《有机产品认证调查表》（一式二份）和《有机产品认证书面资料清单》《有机产品生产技术准则》等文件。

②申请人填写《有机产品认证申请表》《有机产品认证调查表》并准备《有机产品认证书面资料清单》中要求提供的文件。

③申请人按《有机产品生产技术准则》的要求，建立本企业的质量管理体系、生产操作规程和质量信息追踪体系。

（2）预审、审查并制定初步的检查计划

①认证机构对申请人材料进行预审。预审合格，申请人将有关材料拷贝给认证机构。

②认证机构根据申请人提供的项目情况，估算检查时间（一般需要 2 次检查：生产过程 1 次、加工 1 次）。

③认证机构根据检查时间和认证收费管理细则，制定初步检查计划、估算认证费用。

④认证机构综合审查并做出初步检查计划安排。

⑤认证机构向申请者寄发《受理通知书》《有机产品认证检查合同》（简称《检查合同》），同时通知分中心。

⑥当审查不合格，认证机构通知申请人且当年不再受理其申请。

（3）签订有机产品认证检查合同

①申请人确认《受理通知书》后，与认证机构签订《检查合同》。

②根据《检查合同》的要求，申请人缴纳相关费用的 50%，以保证认证前期工作的正常开展。

③申请人指定内部检查员（生产、加工各 1 人）配合认证工作，并进一步准备相关材料。

（4）实地检查评估

①全部材料审查合格以后，认证机构确定有资质的检查员进行实地检查。检查员从认证机构处取得申请人相关资料，依据《有机产品生产技术准则》的要求，对申请人的质量管理体系、生产过程控制体系、追踪体系及产地、生产、加工、仓储、运输、贸易等进行实地检查评估。

②必要时，检查员可对水、土、气及产品抽样，由检查员和申请人共同封样送指定的质检机构检测。

（5）编写检查报告

①检查员完成检查后，按认证机构要求编写检查报告。

②检查员在检查完成后2周内将检查报告送达认证机构。

（6）综合审查评估意见

①认证机构根据申请人提供的申请表、调查表等相关材料以及检查员的检查报告和相关检验报告等进行综合审查评估，填写颁证评估表，提出评估意见。

②认证机构将评估意见报颁证委员会审议。

（7）颁证决议

颁证委员会定期召开颁证委员会工作会议，对申请人的基本情况调查表、检查员的检查报告和认证机构的评估意见等材料进行全面审查，做出同意颁证或拒绝颁证的决定。证书有效期为1年。

（8）颁　证

根据颁证决议和《有机产品标志使用管理规则》的要求，签订《有机产品标志使用许可合同》，并办理有机产品标志的使用手续，颁发有机产品证书。

有机认证证书的有效期为1年，即只对申请认证的当年产品有效。有效期满前3个月需重新办理申请认证手续（图8-7）。

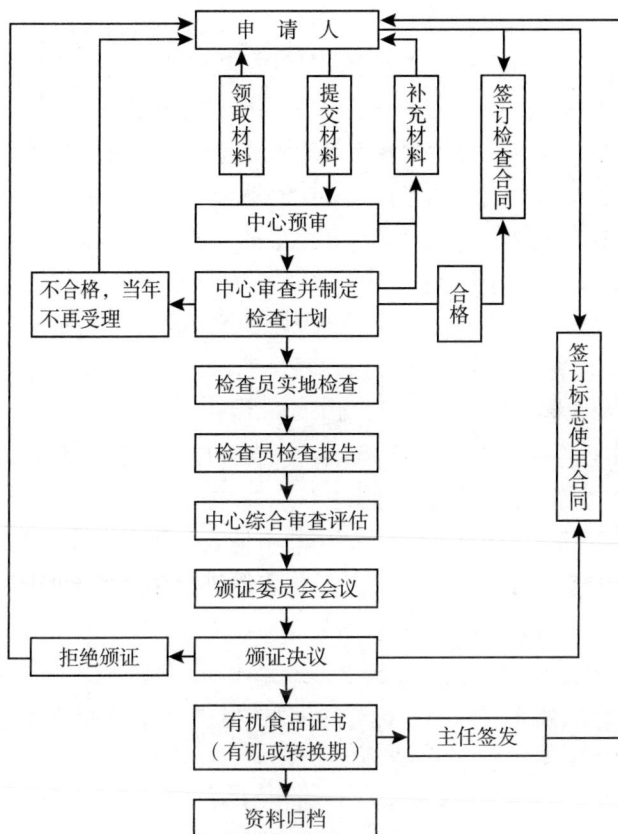

图 8-7　林下生态养鸡有机产品认证程序

9. 无公害农产品、绿色食品、有机产品有何共同点和区别?

（1）共同点　产地环境必须经过认定，生产过程必须按一定技术规程进行操作，最终产品必须经检测符合有关质量标准。

（2）不同点

①产地环境要求不同　有机产品要求在现有的耕地条件下，

至少需要 3 年的休耕期，对土壤中有害物质进行自然降解。无公害农产品和绿色食品生产不要求休耕，只要土壤有害物质含量在规定的指标范围内即可。

②**生产投入品及生产技术规程要求不同**　无公害食品是指无污染、无毒害、安全的食品。在生产过程中，A 级绿色食品许可使用一些对人体安全，对环境无污染的农药，并可以有限制地使用化肥。AA 级的绿色食品和有机产品的生产则不允许使用上述两种物质，同时还需要建立更为严密的管理体系。有机产品的生产必须建立相应的投入品配送体系。例如，有机养殖场需要配套建立有机种植玉米和大豆等基地。

③**产品销售方式不同**　绿色食品和有机产品销售上必须包装，有生产厂家，商标和标志。无公害农产品只要产地检测和市场检测质量合格就可销售。

④**消费人群不同**　无公害农产品具有公益性，绿色食品具有区域性，有机农产品具有特供性。

⑤**经营理念不同**　无公害农产品追求的是高产、高效、优质、安全，属于"两高一优"的生态效益农业；绿色食品追求的是安全、营养，注重可持续农业的发展；有机产品追求的是人类、自然、社会的协调发展，已经上升到一种天然哲学的理念。

⑥**涵盖性不同**　三者呈金字塔式分级，绿色食品涵盖了有机农产品和无公害农产品的大部分。有机产品位于塔尖位置，绿色食品位于中间位置，无公害农产品位于塔座位置。

10. 林下生态养鸡的鸡蛋怎样保鲜？

鸡蛋的保质期在 2～5℃条件下为 40 天，而冬季室内常温下为 15 天，夏季室内常温下为 10 天。鸡蛋超过保质期其新鲜度和营养成分都会受到一定的影响。如果存放时间过久，鸡蛋会因细菌侵入而发生变质，出现粘壳、散黄等现象。林下养鸡规模小的地方，产品零星分散，运输距离较远。鸡蛋从放养场到摆上超市货架，需有一个收集、贮存保鲜、形成批量运输的营销过程。因此，采取合理的保存方式尽量保障鸡蛋新鲜，显得十分重要。

鸡蛋的保鲜方法主要有冷藏法、浸泡法、涂膜法、气调法和埋藏法。

（1）冷藏保鲜法　利用适当的低温抑制微生物的繁殖生长，延缓蛋内容物自身的代谢，达到减少蛋重损耗，延长鸡蛋新鲜度的目的。鲜蛋入库前库内应先消毒通风，消毒方法可用 10% 漂白粉混悬液喷雾消毒或甲醛＋高锰酸钾熏蒸消毒。送入冷库的鸡蛋必须新鲜清洁，不洁蛋很难冷藏保鲜。鸡蛋要摆放整齐，大头朝上，入冷库前要在 2～5℃ 环境中预冷，使鸡蛋温度逐渐降低，防止蛋表面凝结水汽而给真菌生长创造条件。同样，出库时则应使鸡蛋逐渐升温，以防止鸡蛋表面凝结水珠。要获得冷藏鲜鸡蛋贮存 6 个月完好率在 90% 左右，其冷藏温度宜控制在 0～0.7℃（平均温度为 0.34℃），相对湿度宜在 72%～76%。冷藏期间注意保持和检测库内温、湿度，定期透视抽查，每个月翻蛋 1 次，防止蛋黄黏附在蛋壳上，保存良好的鸡蛋，可贮放 10 个月。

（2）浸泡保鲜法　将鸡蛋浸泡在特殊液体里面而达到保鲜的目的，有以下方法：

将鲜蛋放入液状石蜡中浸泡 1～2 分钟取出，经 24 小时晾干后置于坛内保存，100 天后检查，保鲜率仍可达 100%。

把 10 份蜂蜡，2 份酪素，1.5 份白糖与 100 份水混合，然后将鲜蛋放入，浸几秒钟后捞出晾干，保存 6 个月，好蛋率达 96% 以上。

选用 45～56 波美度的泡花碱，按 2：30 的比例加水混合均匀，最后调节至 3.5～4 波美度即可。贮藏时，将蛋轻轻放在泡花碱溶液中，液面超过蛋面 5～10 厘米，以隔绝空气。保存的鲜蛋有效期为 7 个月左右。

将无损伤的鲜蛋放入清洁池或缸内，倒入 2%～3% 石灰水

（100升水中加入2~3千克生石灰，搅拌、静置后，取上清液），水面高出蛋面20～25厘米，贮藏期间，夏季石灰水温度不超过21～23℃，冬季以不结冰为宜。此法可使鸡蛋保鲜3～4个月。在夏季，池子或缸不要受太阳照晒，保证阴凉通风，还可将蛋放进5%石灰水中浸泡30分钟，捞出晾干，也可保鲜2～3个月。

把1千克水玻璃（硅酸钠的水溶液）溶于9升热水中，冷却后倒入盛有鸡蛋的缸里，液面高出蛋面5厘米以上，用牛皮纸紧封缸口。置阴凉通风处，夏季可保鲜2～3个月。

室内自然温度下使用AAN浸泡液浸泡鸡蛋1个月之后捞出干放8个月，效果也很好。气室变化平均不超过0.004毫米，干耗率在4%左右，可食率达97.4%以上，完好率在95%以上，蛋黄系数在0.384～0.386，干放蛋的几项鲜度指标与贮前鲜蛋和捞出时的浸泡蛋相比，差别不大。

在含有0.08%活性钙的水溶液中放入鸡蛋，加热温度50℃、加热20分钟。经这样温水处理的鸡蛋，即使在30℃条件下贮藏40天，代表新鲜程度的哈氏单位仍保留在A级水平上。蛋清透明度、表面色泽、光亮度等感官指标均较好。

（3）涂膜保鲜法　利用涂膜剂涂布蛋壳表面，闭塞鸡蛋进行气体交换的气孔，可以防止微生物侵入，减少蛋内水分蒸发，使蛋内二氧化碳逐渐积累，抑制酶活性，减弱生命衰减进程，达到保持鸡蛋鲜度和降低干耗的目的。鸡蛋涂膜材料一般采用轻矿物油、动植物油脂、可食性物质及其复合材料作为覆盖剂，经浸渍、喷雾或加热溶化后涂布在蛋壳表面。有以下几种方法：

用每升加有50克凡士林的液状石蜡混合涂膜剂给鸡蛋涂膜，在温度25℃、相对湿度80%～85%条件下存放，经90天鸡蛋仍可保持新鲜，失重率仅为2.38%～2.62%。

用以羧甲基壳聚糖为主剂，辅以两种以上助剂组成的保鲜剂

涂膜鸡蛋，再放入聚乙烯薄膜袋内，在实验室温度 9～24℃、相对湿度 50%～60% 条件下贮存 149 天，好蛋率可占 85%，散黄率仅占 10%，变质率占 5%，减重仅 5%。

有人对聚乙烯醇、聚乙烯醇和双乙酸钠复合、聚乙烯醇和氢氧化钙复合 3 种保鲜剂对鸡蛋的保鲜效果进行了比较研究。结果表明，经过 30 天贮藏，聚乙烯醇和氢氧化钙复合保鲜剂处理的鸡蛋鲜蛋率仍为 100%，失重率为 2.24%，蛋黄指数为 0.39，哈氏单位为 73.57，蛋白 pH 值为 8.4，蛋黄颜色（L*）值为 58.9、（a*）值为 7.19、（b*）值为 39.97。说明聚乙烯醇和氢氧化钙复合保鲜剂保鲜效果最好。

有试验报道以下 3 种保鲜剂中，液状石蜡保鲜效果最好，聚乙烯醇次之，壳聚糖保鲜效果最差，但仍优于未涂膜保鲜的鸡蛋。经液状石蜡涂膜处理的鸡蛋在温度 25℃、相对湿度 60%～80% 条件下存放 30 天，鲜蛋率仍为 100%，相当于对照组存放 6 天时的品质，失重率仅为 0.73，蛋黄指数为 0.37，浓蛋白含量为 41.49%，蛋白 pH 值为 7.77。

（4）气调保鲜法　气调保鲜是指在低温贮藏的基础上，通过人为降低环境气体中氧的含量，适当改变二氧化碳和氮气的组成比例来达到对鸡蛋保鲜贮藏目的的一项技术。

将清洁的鲜鸡蛋密封于充满氮气的聚乙烯薄膜袋中，可隔绝氧气，抑制微生物繁殖和鸡蛋代谢，能保鲜鸡蛋 3 个月。

把鲜蛋放在贮存库内，四周密封，充以 50%～60% 的二氧化碳气体，能抑制从蛋中放出的二氧化碳气体，降低其呼吸作用，实现保鲜。

（5）埋藏保鲜法　埋藏是隔绝空气、减慢鸡蛋代谢、降低感染、达到保鲜鸡蛋的方法。但是这种保鲜方法相对以上方法，保鲜能力稍差一些。

①谷壳窝藏法　在洗净、擦干的容器底部均匀铺垫一层干燥谷壳，厚为 1～2 厘米，其上排放一层鲜蛋，蛋与蛋之间稍微分

开，并用谷壳填塞间隔。然后，加盖一层谷壳（厚约0.5厘米），铺一层鸡蛋，如此交替重复，共可放10～15层，顶上再盖1～2厘米厚的干燥谷壳封顶即成。盖上桶盖，存放到室内阴凉干燥避光处，一般可保存6个月不坏。也可用干净的柴灰、草灰、锯末屑代替谷壳，保鲜效果相似。

②**松针铺垫法** 先在容器底部和内壁铺一层1～1.5厘米厚的松针鲜叶（去掉枝梗），上放一层鲜蛋，再铺一层厚0.3～0.6厘米松针，放一层鸡蛋，如此交替重复共放10～15层。最后用松针封顶，厚1厘米左右。盖上桶盖，置于室内阴凉、干燥、避光处。一般可保鲜3～4个月。松针可释放出生物杀菌素杀死周围的腐败细菌。使用此法保存的鲜蛋，食用时常带有松针清香。

③**豆子、小米窝藏法** 干燥的红豆、绿豆、黄豆代替谷壳，方法与以上两种方法大体相同。豆子不断进行呼吸，消耗鸡蛋周围的氧气，放出二氧化碳，有助于抑制蛋体周围的腐败细菌活动，也可抑制鸡蛋本身的新陈代谢，延长保鲜时间。其保鲜效果比谷壳、柴（草）灰窝藏法更好，一般可保鲜7～8个月。

④**植物保鲜法** 这是利用植物杀菌素保鲜的方法，芥子、山嵛菜、花椒等能释放植物杀菌素的植物与鲜蛋混放，十分有效。杀菌材料也可就地取材，保鲜效果因材而异。操作时可先在容器底部放上适量的杀菌植物，其上层层排放鲜蛋，并添加杀菌植物，添加量以杀菌气味物质充满容器为度。容器底部、四壁和蛋体之间也要填充疏松的填充物抗震，并使杀菌气味物质得以扩散。

11. 林下养鸡的鸡蛋怎样贮藏、包装？

在贮藏过程中不得受到其他物质的污染，贮藏产品的仓库应干净、无虫害，无有害物质残留。可使用常温贮藏、气调、温度控制、干燥和湿度调节等贮藏方法。有机产品尽可能单独贮藏。

如与常规产品共同贮藏，应在仓库内划出特定区域，并采取必要的包装、标签等措施，确保有机产品与常规产品的识别。

改进包装技术，可减少损失，提高效益。首先要选择好包装材料，包装材料力求坚固耐用，经济方便。可以采用木箱、纸箱、塑料箱、蛋托和与之配套用的蛋箱。

提倡使用由木、竹、植物茎叶和纸制成的包装材料，可使用符合卫生要求的其他包装材料。所有用于食品包装的材料应是食品级包装材料，包装应简单、实用，避免过度包装，并应考虑包装材料的生物降解和回收利用。可使用二氧化碳和氮作为包装填充剂。不应使用含有合成杀菌剂、防腐剂和熏蒸剂的包装材料。不应使用接触过禁用物质的包装袋或容器盛装有机产品。

（1）普通木（塑料）箱和纸箱包装鲜蛋　箱体必须结实、清洁和干燥。每箱以包装鲜蛋 300～500 枚为宜。包装所用的填充物，可用切短的麦秸、稻草或锯末屑、谷糠等，但必须干燥、清洁、无异味。包装时先在箱底铺上一层 5～6 厘米厚的填充物，箱子的四个角要稍厚些，然后放上一层蛋。蛋的长轴方向应当一致，排列整齐，不得横竖摆放。在蛋上再铺一层 2～3 厘米厚的填充物，再放一层蛋。这样，一层填充物、一层蛋直至将箱装满，最后一层应铺 5～6 厘米厚的填充物后加盖。木箱盖应当用钉子钉牢固，纸箱则应将箱盖盖严，并用绳子包扎结实。最后，注明品名、重量并贴上"请勿倒置""小心轻放"的标志。

（2）利用蛋托和蛋箱包装鲜蛋　蛋托是一种纸浆或塑料制成的专用蛋盘。将蛋放在其中，蛋的小头朝下，大头朝上，呈倒立状态。每蛋 1 格，每盘 30 枚。蛋托可以重叠堆放而不致将蛋压破。蛋箱是蛋托配套使用的纸箱或塑料箱。利用此法包装鲜蛋能节省时间，便于计数，破损率小，塑料蛋托和蛋箱可以经消毒后重复使用（图 8-8、图 8-9）。

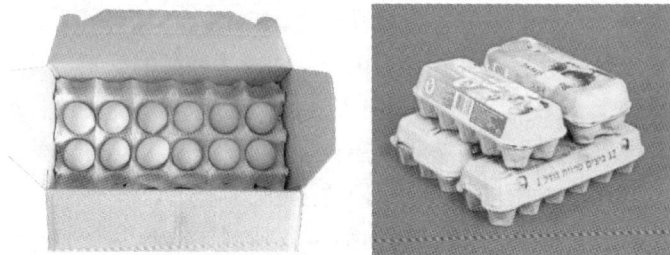

图 8-8　包装盒和周转箱

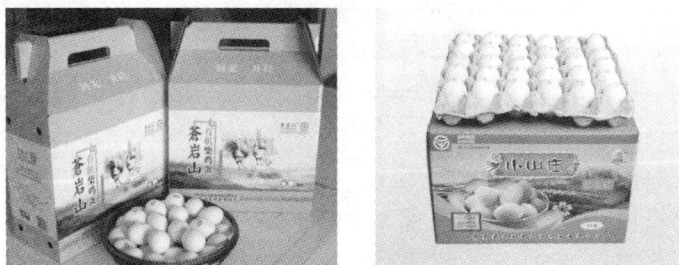

图 8-9　鸡 蛋 箱

12. 林下放养鸡的鸡蛋怎样运输？

应使用专用运输工具。在运输过程中应尽量做到缩短运输时间，减少中转。根据不同的距离和交通状况，选用不同的运输工具，做到快、稳、轻。"快"就是尽可能减少运输中的时间；"稳"就是减少震动，选择平稳的交通工具；"轻"就是装卸时要轻拿轻放。

①运输前货主应向当地动物卫生监督机构申报检疫,办理动物产品检疫证明,合格后加施检疫标志。

②蛋箱要防止日晒雨淋;冬季要注意保暖防冻,夏季要预防受热变质。

③包装和运输工具必须清洁干燥,使用前均要进行消毒。

④运送鸡蛋的车辆应使用封闭货车或集装箱,不得让鸡蛋直接暴露在空气中进行运输。

13. 林下养鸡的活鸡如何运输?

由于高致病性禽流感疫情的影响,对活禽运输要求日趋严格,活禽运输必须符合国家最新活禽运输的相关规章制度。鸡只必须来自非疫区的健康鸡群。活鸡运输前,货主应向当地动物卫生监督机构申报检疫,办理动物产品检疫证明。检验合格后方可运输。运鸡的笼具和车辆必须进行清洗、消毒。装笼时要注意做健康检查,及时发现和剔除病鸡。

活鸡运输时要注意以下事项。

(1)装笼密度要适宜 活鸡是鲜活商品,在运输过程中因为比较集中,必须根据季节的不同,适当增减每笼的只数。这样,使活鸡有一定的空间,以保证正常运输。秋末至春末阶段,每笼比标准多装1~2只,初夏至深秋比标准少装1~2只,这样做可减少死亡残损,提高商品质量。

(2)选择好的运输笼 运输途中因长途运输及路况原因,容易造成笼具挤压而伤亡鸡只。所以,选好笼具非常重要。活鸡运输笼一般选用钢筋结构的铁丝笼,规格750毫米×550毫米×270毫米,每笼装运12只活鸡(图8-10)。也有使用一次性的竹笼运输,因为竹笼通风透气,易于装卸,成本又低,特别适合夏季的长途运偷,但容易造成挤压。也可以用塑料笼运输,不过塑料笼虽然坚固耐用,但吸热快,散热慢,不适于夏季长途运输。

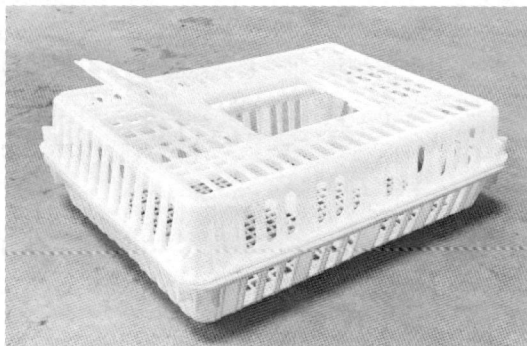

图 8-10　活鸡运输笼

（3）掌握好季节变化，调整运输时间　在秋末至春末阶段为下午1～3时发车，夏季初秋为晚上发车。原则上根据天气情况，气温低、阴天就早装早运；天气热则晚装晚运。避免车辆在日光下暴晒，尽量减少损失。

（4）夏季淋水降温　在夏季高温的情况下，装车前将汽车、运输笼及鸡身淋水，降低活鸡体温，减少闷热。

（5）根据路线畅通情况，适当采取防范措施　路途如发生堵车时，车厢内活鸡因缺少空气流动被闷死的机会大大增加。针对这个情况，提前考虑路况，让放在底层的运输笼少装鸡，并注意保持笼间通风。在有水源的地方可往鸡身上喷水降温。

（6）积极到当地保险公司投保　如因公路车辆堵塞、汽车沿途故障等引起的活鸡死亡情况，应及时反映给保险公司，可获得一部分赔偿，减少损失。

参考文献

［1］李英，谷子林. 规模化生态放养鸡［M］. 北京：中国农业大学出版社，2010.

［2］王长康. 土鸡生态养殖技术问答［M］. 福州：海峡出版发行集团，福建科学技术出版社，2012.

［3］张鹤平. 林地生态养鸡实用技术［M］. 北京：化学工业出版社，2012.

［4］魏忠华，谷子林. 图说规模生态放养鸡关键技术［M］. 北京：金盾出版社，2013.

［5］孟林，毛培春，田小霞. 板栗园行间种草放养北京油鸡的肉品质和效益评价［J］. 中国草地学报，2012，34（6）：95–100.

［6］王景燕，龚伟，吕向楠. 柑橘园养鸡对土壤肥力和果实品质的影响［J］. 果树学报，2016，33（9）：1065–1075.

［7］郗正林，姚远，高福新. 葡萄园套草养鸡技术集成与应用［J］. 当代畜牧，2011，10：3–6.

［8］陈思婷，覃伟权，刘立云，等. 椰园养鸡对椰园生态及其经济效益的影响［J］. 热带农业科学，2008，24（18）：480–484.

［9］李耀. 浅谈鸡肉风味物质的呈味机理［J］. 食品工业科技，2011，3：446–449.

［10］赵建闯. 外源风味添加剂对肉仔鸡生长性能和肉品质影响的研究［D］. 河南农业大学，2007.

〔11〕袁君，韩玲，文鹏程，等. 枸杞园放养乌骨鸡风味研究〔J〕. 食品科技，2008，5：80-84.

〔12〕张国强，马秋刚，计成. 日粮肌苷酸对肉仔鸡肉质和风味影响的感观评价〔J〕. 中国家禽，2009，31（7）：43-44.

〔13〕唐春霞. 中草药饲料添加剂对三黄鸡生产性能及肉质风味的影响〔D〕. 甘肃农业大学，2007.

〔14〕刘彦慈. 中草药饲料添加剂对肉仔鸡生产性能及肉质风味的影响〔D〕. 河北农业大学，2004.

〔15〕毕玉芳，马美湖. 鸡蛋风味研究进展〔J〕. 家禽科学，2014，7：49-52.

〔16〕张玉海. 日粮中添加花椒籽对蛋鸡生产性能及鸡蛋风味的影响〔J〕. 黑龙江畜牧兽医，2011，12：41-42.

〔17〕刘红南，滕楠，李垚，等. 饲粮添加槲皮素对蛋鸡蛋品质和蛋组分的影响〔J〕. 动物营养学报，2014，26（8）：2246-2252.

〔18〕龙城，王晶，武书庚，等. 饲料因素对鸡蛋风味的影响及其改善措施〔J〕. 动物营养学报，2015，27（2）：352-358.

〔19〕孙宝盛. 不同补饲量、密度和日龄对枣林苜蓿地放养鸡的生产性能及肉蛋品质的影响的研究〔D〕. 山西农业大学，2014.

〔20〕张玺，史兆国. 武威市果园放养肉杂鸡不同杂交组合生产性能研究〔J〕. 国外畜牧学——猪与禽，2014，34（7）：61-62.

〔21〕毛培春，孟林，田小霞，等. 林间草地放养"农大5号"鸡的屠体性能和肉品质评价〔J〕. 中国家禽，2015，37（5）：53-55.

〔22〕庭国勋. 黑脚麻鸡放养与室养条件下对健康状况影响研究〔D〕. 贵州大学，2016.

〔23〕董志强. 人工草地放养系统对略阳乌鸡生长性能和肠道微生物区系的影响〔D〕. 西北农林科技大学，2016.

［24］俞凤娟. 宁夏生态鸡放牧饲养试验效果研究［D］. 西北农林科技大学，2012.

［25］耿爱莲，石晓琳，王海宏，等. 饲粮粗蛋白质水平对散养北京油鸡产蛋性能及蛋品质的影响［J］. 动物营养学报，2011，23（2）：307–315.

［26］丰艳平，何华西. 散养湘黄鸡的营养需要与日粮配合技术［J］. 畜牧兽医杂志，2015，24（1）：3–5.